认识编程

——以Python语言讲透编程的本质

郭 屹 著

机械工业出版社

本书是关于计算机编程的科普书，它包含了计算机软件的发展历史、原理、数据结构，以及基本算法等内容，并进一步探讨了动态规划、概率统计和神经网络等进阶知识。作者通过轻松的笔调，由浅入深地对编程的本质进行了直观、具体的讨论。虽然书中的例子都是用 Python 编写的，但是介绍的编程方法和思想却是通用的。书中的实例都有对应的完整代码实现，涉及初等数学、数据结构、排序与查找、数理统计、动态规划及神经网络等多个方面。这些实例把编程原理讲解和程序代码结合在一起，从而让概念更加容易理解。

本书适合学习 Python，以及编程的读者阅读。

图书在版编目（CIP）数据

认识编程：以 Python 语言讲透编程的本质 / 郭屹著. —北京：机械工业出版社，2021.8

ISBN 978-7-111-68761-0

Ⅰ. ①认…　Ⅱ. ①郭…　Ⅲ. ①软件工具-程序设计　Ⅳ. ①TP311.561

中国版本图书馆 CIP 数据核字（2021）第 144806 号

机械工业出版社（北京市百万庄大街 22 号　邮政编码 100037）
策划编辑：杨　源　　责任编辑：杨　源　李培培
责任校对：张艳霞　　责任印制：郜　敏

三河市宏达印刷有限公司印刷

2021 年 8 月第 1 版・第 1 次印刷
184mm×260mm・14 印张・345 千字
标准书号：ISBN 978-7-111-68761-0
定价：89.00 元

电话服务
客服电话：010-88361066
010-88379833
010-68326294
封底无防伪标均为盗版

网络服务
机　工　官　网：www.cmpbook.com
机　工　官　博：weibo.com/cmp1952
金　　书　　网：www.golden-book.com
机工教育服务网：www.cmpedu.com

如果你不能给我诗，那你可以给我诗意的科学吗?

——Ada Byron

前　言

欢迎来到程序的世界。

使用一门编程语言，最主要的目的是用它来解决各种实际问题。本书的重点就是如何用 Python 语言来解决问题。因此本书会用很多篇幅讲解编程技术本身，同时也将会有大量的代码演示。

在用计算机进行编程时，会处理各种数据，使用各种算法，所以，本书将涉及计算机基础原理、数据结构、算法等方面的知识。由浅入深，一步步讲解如何编写程序。本书讲解的知识绝不仅限于 Python，这里的知识是通用的，读者可以不费劲地用另一门语言替代书中的 Python 程序。

本书将按照章节由浅入深地讲解编程的基本内容。最初会介绍计算机的发展历史以及原理，让读者了解到程序的思维是如何起源的，一段程序代码在计算机内部是如何执行的；然后从初等数学题目开始，用程序来解决初等数学的常见问题，如找素数、列数列、算面积以及解方程；之后再扩展到用程序来处理字符，处理文件；接着会介绍常见的数据结构，如线性序列、树，以及图，并讲解基本的排序与查找算法，现实中常用的动态规划方法；最后，会介绍数理统计以及人工智能中的神经网络。

有了这些知识，相信大家会对编程的本质有一个初步的了解。

本书面向具有中等教育文化程度以上，且对编程感兴趣的读者，行文风格兼具趣味性和严谨性。

由于作者水平有限，疏漏之处在所难免，恳请广大读者批评指正。

作　者

目　录

前言

第 1 章　程序、数字与进制……1

1.1　概述……1

1.2　何谓程序？……1

1.3　计算机只有两根手指？……3

1.3.1　为什么偏偏是二进制？……3

1.3.2　计算机与十进制……4

1.4　Python 怎么掰手指？……4

1.5　Python 语言入门……5

第 2 章　计算机内部探秘……8

2.1　计算机本来就叫计算机……8

2.2　化计算为加法……9

2.2.1　从小学的 1+1 开始……9

2.2.2　计算机的移位操作……10

2.2.3　不单单是乘除法实现……12

2.3　进制转换及数据存储……14

2.3.1　进制的转换……14

2.3.2　计算机如何存储数据？……15

2.3.3　形象一点来看晶体管……16

2.3.4　抽象一点来看数据存储逻辑……19

2.3.5　字符的编号……20

2.4　从加法到芯片……20

2.4.1　万法归加法……20

2.4.2　自己做个加法器……21

2.5　101 页报告改变了世界……23

2.5.1　又笨又快的图灵机……23

2.5.2　从 101 页报告到极简计算机……25

2.5.3　跟着“极简”执行代码……26

第 3 章　编程基础概念……31

3.1　计算机的外包装……31

3.2　计算机的高级语言……32

3.3　Goto 语句有害……33

3.4　说说数据结构……34

3.5　面向对象编程……36

3.5.1　什么是面向对象编程？……36

3.5.2　Python 的混合编程……36

3.6　进程与线程……37

3.7　递推与递归……38

3.8　关于分治……39

3.9　算法及性能分析……39

第 4 章　数学与编程是一家……41

4.1　什么是函数？……41

4.1.1　先算一个阶乘……41

4.1.2　往前走一步——求平方根……43

4.1.3　再往前走一步——求阶乘的平方根……46

4.1.4　Python 常见的库……49

4.2　面向对象编程，再来求一求素数……50

4.2.1　捋清思路……50

4.2.2　过程执行……52

4.2.3　验证哥德巴赫猜想……53

4.2.4　验证与证明……55

4.3　递归，还记得斐波那契数列吗？……55

4.3.1　斐波那契数列……55

4.3.2　生活中的斐波那契数列……56

4.3.3　用递归重写阶乘……57

4.4　深入递归，汉诺塔问题……58

4.4.1　汉诺塔传说……58

4.4.2　塔也是递归，递归也是树……59

4.5　Python 解方程……61

4.5.1　二次方程……61

4.5.2　高次方程……63

4.5.3　Python 解同余方程……64

4.6　Python 用刘徽割圆术求面积……66

4.6.1 刘徽割圆术求面积……66
4.6.2 进入递推，交给 Python……68
4.7 跟着 Ada 计算伯努利数（向 Ada 致敬）……70
4.7.1 分析计算伯努利数……70
4.7.2 为什么要向 Ada 致以敬意？……72
第 5 章 字符处理……73
5.1 先来谈谈字符编码……73
5.1.1 首先是 Unicode……73
5.1.2 有了 Unicode 还不够……74
5.2 Python 如何操作字符串……75
5.2.1 丰富的字符串操作……75
5.2.2 开始造个轮子……76
5.3 凯撒密码（Caesar cipher）……78
5.4 字符串查找（KMP 算法）……80
5.4.1 从最笨的方法开始……80
5.4.2 聪明一点的方法……83
5.5 Python 如何操作文件……88
5.5.1 操作文件的方式……88
5.5.2 简单地演练一下……88
5.6 JSON 是谁……90
5.6.1 JSON 对象……90
5.6.2 解析 JSON……91
5.6.3 解析复杂 JSON……93
5.7 关于正则表达式……95
5.7.1 正则表达式的功用……95
5.7.2 正则解释器……97
5.7.3 正则表达式的应用……99
第 6 章 数据结构……103
6.1 Python 的序列……103
6.1.1 ArrayList 和 LinkedList 操作……103
6.1.2 首先是 ArrayList……104
6.1.3 接下来是 LinkedList……107
6.2 关于栈——先进后出……112
6.3 括号如何匹配……114
6.4 数学表达式解析……115
6.4.1 计算机读取数学表达式……115
6.4.2 获取操作数与操作符序列……116
6.4.3 开始计算……119
6.5 关于 HashMap……121
6.5.1 Python 中的字典操作……121
6.5.2 手动做 HashMap……122
6.5.3 增删改查……123
6.5.4 HashMap 遍历……127
6.5.5 成果验收……128
6.6 树之遍历……130
6.6.1 先构建一棵二叉树……130
6.6.2 再遍历二叉树……131
6.6.3 换一种方式遍历……133
6.7 树之构建和查找……134
6.7.1 还是先构建树……134
6.7.2 然后查找特定元素……136
6.7.3 让树更加泛用……137
6.8 平衡树（AVL 算法）……138
6.8.1 平衡二叉树……138
6.8.2 平衡二叉树增加节点……140
6.8.3 不平衡就旋转……142
6.9 图的表示……146
6.10 拓扑排序……148
6.11 最短路径（Dijkstra 算法）……151
6.12 关键路径 CP……154
第 7 章 查找与排序……160
7.1 查字典——冒泡排序……160
7.2 每次吃最甜的葡萄——选择排序……161
7.3 抓牌看牌——插入排序……162
7.3.1 先来描述一下场景……162
7.3.2 进入 Python……162
7.4 向左向右看齐——快速排序……164
7.4.1 先来分而治之……164
7.4.2 开始编写快速排序程序……166
7.5 先分叉再排序——堆排序……167
7.5.1 先理解堆排序思路……167
7.5.2 Python 的时间……169
7.6 不会淘汰的季后赛——归并排序……170
7.7 以上排序的比较……172
7.8 插入排序 2.0——希尔排序……173

7.9 桶排序——计数排序 174
7.10 二分查找（试着做一个字典） 176
第 8 章 动态规划 182
8.1 游戏币贪心算法——DP 导入 182
8.1.1 游戏币的动态规划 182
8.1.2 随机数字三角的动态规划 184
8.2 序列的最大公约数——LCS 186
8.3 基因序列比对（Levenshtein算法） 187
8.4 背包问题 192
8.4.1 背包问题解析 192
8.4.2 开始变成程序 194
第 9 章 数理统计与人工智能 196
9.1 人均收入统计 196
9.1.1 先从数据出发 196
9.1.2 进入程序世界 198
9.1.3 来看点经济学（基尼系数） 199
9.2 用贝叶斯公式智能诊断 201
9.2.1 先来谈谈概率 201
9.2.2 “智能医生”的训练 202
9.3 预测广告效果的线性回归 203
9.3.1 线性回归 203
9.3.2 向量 204
9.3.3 编写线性回性程序 205
9.4 马尔可夫模型 208
9.4.1 什么是马尔可夫模型 208
9.4.2 开始解决一些问题吧 208
9.5 最后聊聊人工神经网络 210
9.5.1 可以开始做点仿生了——一个简单的神经元 211
9.5.2 “神经元”如何学习 214

第1章

程序、数字与进制

1.1 概述

人是好奇而有创造力的物种，从远古的祖先发明石器起，人类就开始了漫长的发明之旅。

人类为了生存，发明了棍棒、长矛，点燃了火种，出现了采集者、猎人和渔夫；后来又发明了语言，开始歌舞、绘画，出现了讲故事的人和艺人；发明了数字，发明了陶器、人工栽培和轮子，出现了数学家和农民；发明冶炼、锻造，出现了手工业者；数百年前蒸汽机出现，开始工业革命；最后，出现了计算机。

现在人们使用的计算机与历史上发明的其他工具都不相同：它需要编程。

1.2 何谓程序？

来看历史上几个典型的发明，斧子、轮子、蒸汽机，它们的目的单一，结构一旦确定下来，功能也就确定下来了，不能用于其他用途。

但是计算机可以通信、播放音乐、写作、记账等。它是通用的，其具体的功能取决于程序。

为了理解程序的概念，先来看看没有程序的计算机是什么样子。

人类很早就知道计数，有了数字，就需要有对数字的操作，最典型的就是加法和减法。最早通过手指计数，这种计数方式很方便，不过有一个问题就是不易存储这些数。于是人们就想到了用石子或者绳结来长期存储这些数。可能是在 5000 年前出现了计数方法，这意味着人类已经把“数”这个概念抽象出来了，然后用了更久的时间才发明了 0，至此人们习惯的十进制才成形。

十进制方便了计算，促进了生产和贸易，也就有人专门从事这个职业，计数和计算。这是当时的新兴行业，受过教育的年轻人拿着小刀和泥板，一笔一画地诚实记录、用心计算，日复一日年复一年。这不仅仅是一个脑力劳动还是一个体力活儿，虽然后来出现了算筹和算盘，但是这种手工式的计算本身仍然费时费力。

1642 年，19 岁的法国人 Pascal（历史上著名的数学家、物理学家）发明了加法器，它由齿轮构造而成，通过转动齿轮实现加法，用连杆实现进位。这个发明也影响了 Pascal 的哲学观，他认为人的思维活动与机械运动没什么差别。

三十多年后，学术巨人 Leibniz 发明四则运算器，影响了上百年。但是这些机器都受机械结构的影响，功能与性能都不怎么好。

到这个时候，用于计算的工具与历史上其他的发明仍然没有什么差别，依然只是完成某件事情的单一工具。只不过这些机器完成的工作是加减乘除。

真正的突破是 19 世纪英国的数学家 Babbage 发明的分析机。Babbage 意识到计算的工作是多种多样的，如果为某一个特定的工作单独发明一台机器，那就太烦琐了，能不能有一种通用的机器，可以完成所有这些计算工作？于是 Babbage 想到了将一个任务的计算工作分解成原子步骤（加减），把这些步骤记录下来，让一台机器从某个地方获取这些步骤，然后顺序执行并可以跳转执行。这就是“程序”的萌芽。

为此，在分析机中，Babbage 设计了存储装置，可以存储初始数据及中间结果数据；设计了运算装置来执行加减计算；设计了控制装置，通过指令控制操作步骤。这是一台可编程的计算机器（由于工艺限制，直到 Babbage 去世也没有造出来）。

有一个叫 Ada 的女孩（英国著名诗人 Byron 的女儿），还为这台机器写了程序来计算伯努利数，并提出了循环和子程序的概念，她被称为世界上第一个程序员。

到了这个时候，程序的概念就确立了。一台计算机器能做什么工作，取决于程序。给它乘法程序，它就执行乘法，给它音乐程序，它就播放音乐。所以叫它为“可编程通用计算机”如下图所示。

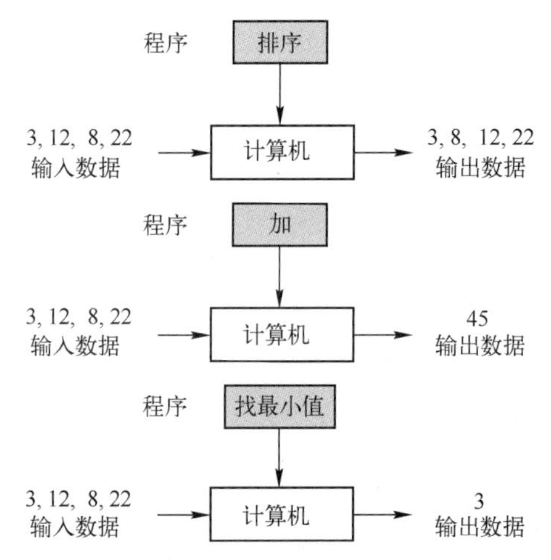

事实上，通用任务也是有范围的，并不是指世界上所有的工作，它的范围就是“计算”。不要以为这个范围很窄，也不要简单地把计算等同于加减乘除，按照现代观点，科学计算、文字处理、记账、绘图、播放音乐、视频、设备控制以及网络通信这些工作都是计算。

到此，可以基于现代的概念来探讨“程序”“计算机”“数字”了。

先看“数字”。平时用 0～9，这 10 个符号表示 10 个数字，通过位置表示权，人们叫它十进制系统。虽然日常生活中用得最多的是十进制，但其实还会用到其他的进制，如 12 进制、60 进制（在表示时间时会用到）。理论上，任何进制都是等价的。为什么十进制会成为使用最广泛的进制？历史学家认为原因是人正好有 10 根手指头，用起来比较方便。

这是一本讲解编程的书，笔者尽量少用数学，不过还是会用到一点。从数学上表示进制是这样的：

$$\pm(S_{k-1}\cdots S_2S_1S_0S_{-1}S_{-2}\cdots S_{-t})_b$$

S 表示符号（比如十进制下的 0～9 这 10 个符号），k 表示位置，b 表示进制基数（如 10）。

这个表示的值为：

$$n=\pm S_{k-1}\times b^{k-1}+\cdots+S_1\times b^1+S_0\times b^0+S_{-1}\times b^{-1}+S_{-2}\times b^{-2}+\cdots+S_{-t}\times b^{-t}$$

1.3 计算机只有两根手指？

1.3.1 为什么偏偏是二进制？

首先的一个疑问就是为什么要用二进制？为什么不采用人类习以为常的十进制？这与计算机的构造有关系。计算机开始用的是机械，后来是机电设备，再后来是电子元件。使用这些器件，表示两种状态比较方便、简单，比如高低、开关、断通，天然地适合二进制。另外，二进制的运算规则比较简单，使计算机硬件结构大大简化（一个明显的事实是十进制乘法口诀有 81 条公式，而二进制乘法只有 4 条规则），二进制更合适。

来看一个二进制表示的数 11001。

套用上面的求值公式，结果是 N=16+8+0+0+1=25（用十进制表示的 25）。

再来看一个二进制表示的实数 101.11。

套用上面的求值公式，结果是 N=4+0+1+0.5+0.25=5.75（用十进制表示的 5.75）。

以上两个例子是正数，负数又如何表示呢？当然最直观的想法就是加上特殊符号表示正负数，相当于+和-。但是其实计算机内部并不是这么表示的，为了运算方便，计算机内部采用了一种补码的方式表示正负。如 00110100，补码为 11001100。规则就是把每一位二进制先取反（0 变成 1，1 变成 0），然后加 1。

有了补码，计算机按照这个原则存储数字，先把十进制数变成二进制，然后看是不是正数，如果是，原封不动存储，如果是负数，则以补码存储。反过来，对存储的一个二进制数，如果最左边一位是 1，则当成负数，求补码后得出原数，如果最左边一位是 0，则是正数，直接得原数。

这种看起来奇奇怪怪的表示法，其实是一种相当聪明的办法，补码系统会简化运算。

实际的数字存储需要考虑到计算机组成器件的限制，如整数有最大值限制、小数有精度限制。IEEE 制定了标准，以一种确定的格式和长度来存储整数和实数，表示正负数。

除了二进制，使用比较多的还有八进制和十六进制。它们之间的转换比较简单，三位二进制数对应一个八进制数字，四位二进制数对应一个十六进制数字。

几种进制之间的符号对照表如下。

十进制（D）	0	1	2	3	4	5	6	7	8	9	10	11	12	13	14	15
二进制（B）	0000	0001	0010	0011	0100	0101	0110	0111	1000	1001	1010	1011	1100	1101	1110	1111
八进制（O）	0	1	2	3	4	5	6	7	10	11	12	13	14	15	16	17
十六进制（H）	0	1	2	3	4	5	6	7	8	9	A	B	C	D	E	F

如何把一个数在几种进制之间转换？其他进制转成十进制比较简单的，可以直接套用上面的公式。反过来则比较麻烦，简单地说是整数部分连除而小数部分连乘，手工计算很麻烦，后面章节会教读者编写一段程序来进行转换。

1.3.2 计算机与十进制

读者肯定会问，计算机用二进制表示数字，编写程序时真的要这么麻烦吗？答案是不用，程序仍然是用十进制来编写。

那这是怎么回事？计算机怎么能认识十进制数并进行各种计算的？

实际情况是，在计算机执行程序和人编写的程序中间有一个中间程序，叫编译程序或解释程序，它负责把人编写的程序翻译成计算机能识别的指令集合。这样做的目的是为了简化人类的工作（事实上，当时的计算机很大，有一个房子那么大，最早的程序员就是直接用的机器指令编写程序的，第一批程序员钻进计算机里面拨弄开关、连线，通过这种方式编写程序）。程序员只要按照编译程序的规定编写命令即可，而随着时代的进步，这种编写命令的方式越来越接近于人类的自然语言，编写程序的工作确实大大简化了。这些编译程序各有各的规定，即它们规定了一种人造的语言：编程语言。现在使用的编程语言至少数百种，主流的不下十种，Python 就是其中之一。

1.4 Python 怎么掰手指？

下面一起来看看 Python 如何计算。

使用 Python 3.7 IDLE，输入下面的程序：

```
a=1+2
b=3
print(a*b)
```

运行的结果是 9。

读过中学代数的读者应该能看得懂上面的程序是两个变量相乘。

可以看到有了 Python，无须直接用计算机的指令操作二进制数字了。

自然，Python 提供的语言不仅仅是数字相乘，它还有很多文法规则。本书不是语言教程，在这里不作详细系统地讲解。

如果读者想了解计算机内部实际是如何执行 c=a+b 这类程序的。这需要进一步学习计算机组成。

上例仅是一个简单的程序，做很简单的工作。读者可能会认为不用计算机程序也能算出 9 来。但如果给几个新的数值，把程序变成如下的样子：

```
a=12345+23456
b=34567
print(a*b)
```

如果不是心算天才，估计一下子无法计算出来。程序运行还是能瞬间给出结果：1237533167。

可以再计算一下下面的数字：

```
a=1234567890+2345678901
b=3456789012
print(a*b)
```

普通的手持式计算器也无法计算出结果，因为这个数值太大了。程序运行呢？依然能瞬间计算出结果：12376157767377060492。

通过计算机编程，计算机能做很多事情。下面简单介绍一下 Python 语言。

1.5　Python 语言入门

Python 是一种广泛使用的解释型通用编程语言。Python 支持多种编程范式，包括面向对象、结构化、指令式和函数式编程。Python 是由 Guido van Rossum 发明的，于 1991 年发布第一版。

Python 能识别处理的对象不仅仅是数字，还包括字符、列表等，用编程的术语，叫 Data Type（数据类型）。示例如下：

```
Numbers（数字）
String（字符串）
List（列表）
Tuple（元组）
Dictionary（字典）
```

为了后面的便于讲解，这里先看看这几种数据类型的简单实例。

Numbers：整数实数和复数。如：

```
A=123
B=123.45
```

String：字符串，字符的序列。如：

```
s = 'Hello World!'
```

字符串用双引号或单引号均可，在 Python 中有两种位置标记法：从前往后（从 0 开始正数标注）和从后往前（从-1 开始负数标注）。如 s[0]表示第 1 个字符，s[-1]表示倒数第 1 个字符。

```
s = 'Hello World!'
print (s)            # 输出完整字符串
print (s[1])         # 输出字符串中的第 2 个字符
print (s[-2])        # 输出字符串中的倒数第 2 个字符
print (s[2:8])       # 输出字符串中第 3～8 个字符
print (s * 2)        # 输出字符串两次
```

输出结果为：

```
Hello World!
```

```
e
d
llo Wo
Hello World!Hello World!
```

List：数据集合，内部可以包含数字、字符串、子列表。如：

```
list = ['hello', 256 , 12.34, 'world', 70.2 ]
```

列表在 Python 中有两种位置标记法，从前往后（从 0 开始正数标注），从后往前（从-1 开始负数标注）。如 list[0]表示第 1 个元素 hello，s[-1]表示倒数第 1 个元素 70.2。

```
list1 = ['hello', 256 , 12.34, 'world', 70.2 ]
list2 = [123, 'test']
print (list1)                # 输出完整列表
print (list1[0])             # 输出列表的第 1 个元素
print (list1[-1])            # 输出列表的倒数第 1 个元素
print (list1[1:3])           # 输出第 2～3 个元素
print (list1 + list2)        # 打印组合的列表
```

运行程序输出：

```
['hello', 256, 12.34, 'world', 70.2]
hello
70.2
[256, 12.34]
['hello', 256, 12.34, 'world', 70.2, 123, 'test']
```

Tuple：相当于 List，但是只能初始化时赋值，不能再赋值，是一个只读的 List。

Dictionary：键值对的集合，通过 key-value 表示数据，无序存储。字典中的元素是通过键来存取的，而不是通过位置存取。如：

```
dict1 = {}
dict1['one'] = "This is one"
dict1[2] = "This is two"
dict2 = {'name': 'john','code':6734, 'dept': 'sales'}
print (dict1['one'])         # 输出键为'one' 的值
print (dict1[2])             # 输出键为 2 的值
print (dict2)                # 输出完整的字典
print (dict2.keys())         # 输出所有键
print (dict2.values())       # 输出所有值
```

运行程序输出：

```
This is one
This is two
{'name': 'john', 'code': 6734, 'dept': 'sales'}
dict_keys(['name', 'code', 'dept'])
dict_values(['john', 6734, 'sales'])
```

Python 还规定了一些关键字，有特殊含义，如上面代码中的 print，作用是输出结果。这些关键字还有 if、and、break、continue、def、else、for、import、in、is、not、or、return、while、with 等。可以把这些英文单词看成是一种符号，用自然语言编写程序会降低效率、提高难度，符号化可以简化编程，就像数字 0～9、+、-、*、/一样，其实就是一些规定的符号而已。

Python 规定了变量名由字母、数字和下画线组成，如 list1, a 等；字符串可以用单引号也可以用双引号；列表用[]，元组用()，字典用{}；#用于注释单行；'''用于注释多行。

缩进方式是 Python 与其他语言的不同之处，代码块不使用大括号 {} 来控制类、函数以及其他逻辑判断。Python 最具特色的是用缩进来控制模块。如：

```
if True:
    print ("Answer")
    print ("True")
else:
    print ("Answer")
    print ("False")
```

有了这些语言基础知识，接下来可以动手编写程序解决问题了。

下面开始 Python 编程之旅！

第2章

计算机内部探秘

2.1　计算机本来就叫计算机

计算机从名字来看就是用来做数学计算的，起初也确实是这样子。所以先从 Python 做数学计算开始入手，求解一下中学的数学题目。

先做点基础知识的准备工作，看看对于数字，Python 都有哪些基本运算。

编写一段程序如下：

```
print (123+456)
print (345-123)
print (12*34)
print (12345678987654321*12345678987654321)
print (56/8)
print (56/9)
print (56//9)
print (8%2)
print (8%3)
print (12**3)
```

运行后的结果如下：

```
579
222
408
152415789666209420210333789971041
7.0
6.222222222222222
6
0
2
1728
```

仔细分析上面的语句，语句中包括了加、减、乘、除、取余、乘方。需要注意，特别大的数也可以运算，不用特别处理；//表示整除；%表示取余；**表示乘方。

有了这些基本运算，可以计算很多题目。

2.2 化计算为加法

2.2.1 从小学的 1+1 开始

四则混合运算中加、减、乘、除是算术的基础，其中乘和除又可以通过加和减来实现，所以加和减是更为基本的运算。

先来实现两个数的乘法 a*b，按照定义就是把 a 加 b 次，如 3*4，就是把 3 加 3 总共加 4 次。

程序如下：

```
def multiply(a,b):
    if a==0 or b==0:
        return 0
    elif a==1:
        return b
    elif b==1:
        return a
    else:
        r = 0
        while b>=1:
            r = r + a
            b = b - 1
        return r
print(multiply(123,12))
```

程序的核心是 while 循环，将 a 加 b 次。

读者肯定看出来了，上面的程序只能计算正整数，计算负数会出错。所以再考虑一下正负数。有四种情况：+ +、+ −、− +、− −。对这四种情况，得出它的结果的符号，然后化为正数进行计算。程序如下：

```
def multiply(a,b):
    sign = 1   #default to positive
    if a>0 and b>0:
        sign = 1
    elif a>0 and b<0:
        sign = -1
        b = 0 - b   # set b to positive
    elif a<0 and b>0:
        sign = -1
        a = 0 - a   # set a to positive
    elif a<0 and b<0:
        sign = 1
        a = 0 - a   # set a to positive
        b = 0 - b   # set b to positive
```

```
    if a==0 or b==0:
        return 0
    elif a==1:
        return b
    elif b==1:
        return a
    else:
        r = 0
        while b>=1:
            r = r + a
            b = b - 1
        if sign == 1:   # positive
            return r
        else: #negative
            return 0 - r
```

以上程序通过加法实现了乘法，循环了很多次，方法很笨拙，但确实可以实现。同样也可以用减法实现除法。

但如果 b 是实数就很难实现，因为有小数部分，上面的循环只对整数有效。实际上实数是由两个整数中间加点组成的，用上面的方式还是可以处理的，但过程有点复杂，暂不介绍。

读者可能又会问计算机内部真的是这么干的吗？答案是部分是。实际上，计算机内部是通过加法和移位操作联合起来实现乘法的，为了处理负数和实数，还需要用到补码和规范化存储规范。这些内容后面会讲到。

2.2.2 计算机的移位操作

接下来看一下移位操作是如何加快计算的。

举个例子，125*103，利用上节的程序需要循环 103 次，下面用移位操作加速。

按照十进制的定义，$103 = 1*10^2+0*10^1+3*10^0$。这样只要把 125 移位几次再相加即可。计算过程分成三步。

1）$1*10^2$：将 125 移位 2 次，再乘 1，得到 12500。

2）$0*10^1$：0 值，不计算。

3）$3*10^0$：将 125 移位 0 次，再乘 3，得到 375。

然后把三部分相加，即 12500+0+375=12875。

同样得到结果，只用了三次移位外加三次循环。

其实，Python 中是有移位操作的（即<<）。但是操作的结果跟想的有点不一样，可以尝试 45<<，结果会返回 90，而不是 450。原因是计算机内部用二进制表示，左移一次相当于乘 2。可以自己模拟写一个 shift 函数：

```
def lshift(a,n):
    r = a
    while n>=1 :
        r = r * 10
```

```
        n -= 1
    return r
```

这个函数将一个数乘 10、100、1000，相当于移位 n 次。本程序实现用到了乘法，这只是示意，实际计算机中的移位是一个独立的基本运算。

这里还用到了一个新的表达 n -= 1，这是一个缩写，作用等同于 n = n-1，但是执行效率可能会更高（依赖于具体的实现），而且看起来更加专业。

再用这个 lshift()改写乘法程序：

```
def multiply(a,b):
    sign = 1
    if a>0 and b>0:
        sign = 1
    elif a>0 and b<0:
        sign = -1
        b = 0 - b
    elif a<0 and b>0:
        sign = -1
        a = 0 - a
    elif a<0 and b<0:
        sign = 1
        a = 0 - a
        b = 0 - b

    if a==0 or b==0:
        return 0
    elif a==1:
        return b
    elif b==1:
        return a
    else:
        r = 0 #result
        s = str(b) #convert to string
        for i in range(0,len(s)): # for each digit in the integer string
            n = int(s[len(s)-i-1]) # get the digit from right to left
            c=lshift(a,i) #shift
            while n>=1:
                r = r + c
                n = n - 1
        if sign == 1:
            return r
        else:
            return 0 - r
```

程序的关键部分是那个嵌套循环：

```
for i in range(0,len(s)): # for each digit in the integer string
```

```
        n = int(s[len(s)-i-1]) # get the digit from right to left
        c=lshift(a,i) # shift
        while n>=1:
            r = r + c
            n = n - 1
```

上面程序中有一个 for 语句，这是一个固定次数的循环，次数就是数字串的位数，如对 103，循环次数就是 3。i 的取值依次为 0、1、2。之后，根据位置从右往左取该位置上的数字，即程序语句：n = int(s[len(s)-i-1])，如对 103，第一次 i 为 0，那么就是取的 3-0-1=2 这个位置的数字，这个位置是 103 的最右边一位（编号是从 0 开始的，所以最后一位也就是第三位的位置编号为 2）。取到该数字后，先把被乘数移位，移 i 次，比如对 103 中的 3，就移位 0 次，相当于不动，对 1 就要移位两次。然后用移位后的数乘以 n（通过加循环 n 次实现），即对 103 中的 3，把 125 循环三次相加得到 375，对于 103 中的 0，不用计算，对于 103 中的 1，把 12500 循环 1 次相加得到 12500，所以最后的结果为 12875。拿出纸和笔，自己手工跟踪一遍。

顺便提一下，while 循环中的 r=r+c, n=n-1 写成 r += c, n -= 1 会更加专业。

测试一下 print(multiply(125,103))。

▷▷▷ 2.2.3　不单单是乘除法实现

再解释一下二进制下的乘法实现，为以后介绍计算机内部实现做准备。

读者已经知道，计算机内部用二进制表示数，101010…，其数值等于 $k*2^n+k*2^{n-1}+\cdots+k*2^0$。

所以 $a*b$ 就相当于 $a*k*2^n+a*k*2^{n-1}+\cdots+a*k*2^0$，即把 a 移位后累加。二进制的好处是它只有 0 和 1 两个数字，所以不用考虑其他问题，直接移位或不移位即可（十进制中还要考虑个位数的乘法）。

尝试计算 6*5，6 的二进制表示为 110，5 的二进制表示为 101，需要计算 110*101 的值。

1）101 的右边第 1 位为 1，将 110 左移 0 位得到 110。

2）101 的右边第 2 位为 0，因此不计算（结果当成 0）。

3）101 的右边第 3 位为 1，将 110 左移两位得到 11000。

4）把 1）～3）三步的结果相加：11000+0+110=11110，该结果为 30。

除法类似，是通过减法和移位操作实现的，来看一个例子。

815/23，手工按照这几步从高位到低位计算。

1）先用 8 除 23，商为 0，余数为 8。

2）余数 8 左移，得到 80，再加上第 2 位 1，得到 81，除 23，商为 3，余数为 12。

3）余数 12 左移，得到 120，再加上第 3 位 5，得到 125，除 23，商为 5，余数为 10。

计算完毕，得到商为 035，即 35，余数为 10。

程序如下：

```
def lshift(a,n):
    r = a
    while n>=1 :
```

```
            r = r * 10
            n -= 1
        return r

def divide(a,b):
        sign = 1
        if a>0 and b>0:
            sign = 1
        elif a>0 and b<0:
            sign = -1
            b = 0 - b
        elif a<0 and b>0:
            sign = -1
            a = 0 - a
        elif a<0 and b<0:
            sign = 1
            a = 0 - a
            b = 0 - b

        if a==0:
            return 0
        elif b==1:
            return a
        else:
            result = 0
            remaining = 0
            s = str(a)
            for i in range(0,len(s)): # for each digit in a
                n = int(s[i]) # get the digit from left to right
                divident = lshift(remaining,1)+n
                if divident>=b:
                    # divide
                    count=0
                    while divident>=b:
                        count = count + 1
                        divident = divident - b
                    result = lshift(result,1) + count
                    remaining = divident
                else:
                    result = lshift(result,1) + 0
                    remaining = divident

            if sign == 1:
                return result
            else:
                return 0 - result
```

测试 print(divide(815,23))。读者可以仿照乘法的过程自己把除法跟踪一遍。

二进制除法也是同样的原理，也因为只有 0 和 1 两个数，所以比十进制简单，不用除个位数，只需要比大小，大就是 1，小就是 0。

尝试计算 85/6，用二进制表示为 1010101/110，按照如下步骤操作。

1）先拿最高位 1 与 110 比大小，比 110 小，商为 0，余数为 1。

2）余数左移，为 10，再加上第 2 位数字 0，得数还是 10，跟 110 比大小，比 110 小，商为 0，余数为 10。

3）余数左移，为 100，再加上第 3 位数字 1，得数是 101，跟 110 比大小，比 110 小，商为 0，余数为 101。

4）余数左移，为 1010，再加上第 4 位数字 0，得数是 1010，跟 110 比大小，比 110 大，商为 1，余数为 100。

5）余数左移，为 1000，再加上第 5 位数字 1，得数是 1001，跟 110 比大小，比 110 大，商为 1，余数为 11。

6）余数左移，为 110，再加上第 6 位数字 0，得数是 110，跟 110 比大小，商为 1，余数为 0。

7）余数左移，为 00，再加上第 7 位数字 1，得数是 1，跟 110 比大小，比 110 小，商为 0，余数为 1。

计算完毕，最后的商为 0001110（即 14），余数为 1。

从以上例子可以看出是把四则运算化成了加减运算，以后还会进一步将减法化为加法。这样从原理上，只需要有加法操作就可以了。万法归一。

扩展一下，如果要计算复数，上面的程序又不能支持了。这里需要一个新的表达，用一个数是不行的，复数包含实部和虚部，所以 Python 用 12 + 3j 表示。注意这里用的是 j，不是数学中的 i，这么做是为了遵从电子工程界的惯例。

有了这个知识，也是可以写出程序来实现复数域的运算的。在此不再赘述。

2.3 进制转换及数据存储

人们生活中一直使用十进制系统，而计算机中一直使用二进制系统。这个系统是由科学家 Leibniz 发明的。

2.3.1 进制的转换

下面来看看进制之间如何转换。二进制到十进制是很简单的，一个二进制数根据公式其数值等于 $k*2^n+k*2^{n-1}+\cdots+k*2^0$，其中 k 只有 0 和 1 两个值，如 11001，就等于 $1*2^4+1*2^3+0*2^2+0*2^1+1*2^0=25$。

二进制转换成十进制的程序就不在这里演示了。

十进制转换成二进制有一点麻烦，用的一种除 2 余数法。

将十进制的 25 转换成二进制，按照如下步骤操作。

1）25 除 2，得到商数 12，余数为 1。

2）用 12 再除 2，得到商数 6，余数为 0。

3）用 6 再除 2，得到商数 3，余数为 0。

4）用 3 再除 2，得到商数 1，余数为 1。

5）用 3 再除 2，得到商数 0，余数为 1。

到此计算完毕，把余数反过来写，即 11001 就是最后的结果。

用程序来表达上述过程：

```
number=int(input("Type number: "))
listt=""
while number >= 1:
    r1 = number%2          # 余数
    number = number//2     # 整除
    listt = str(r1) + listt    # 倒过来拼串
print(listt)
```

不用说读者也能看出，这个程序处理不了实数，因为实数有两部分，这个程序处理不了小数部分。小数部分不是通过除 2 取余，而是通过乘 2 取整得到的。

对十进制的 0.125 这个数，按照如下步骤操作转换成二进制。

1）把 0.125 乘 2，得到 0.25，取整数部分，是 0。

2）把 0.25 乘 2，得到 0.5，取整数部分，是 0。

3）把 0.5 乘 2，得到 1，取整数部分，就是 1。

计算完毕，最后的结果就是 0.001。

用程序实现如下：

```
number=float(input("Type number: "))
listt="0."
while int(number) != number:
    number = number*2
    r1 = int(number)
    listt = listt + str(r1)
    number = number - r1
print(listt)
```

测试 0.125，得到结果 0.001。

测试 0.124，得到结果 0.0001111110111110011101101100100010110100001110010101 1。

初次接触，读者可能会很惊奇，二进制表示 0.124 这么麻烦呐！可想而知有些小数会用到几百几千位才能够表示出来。许多人就会疑惑，那计算机里面究竟是如何表示的呢？

2.3.2 计算机如何存储数据？

计算机的存储空间有限，不能无止境地存储这些数，所以对小数会按照固定的精度存储。由此可以看到对小数的表示，在计算机中是不精确的，只是一个符合某种精度的大约值。

下面研究一下计算机内部数据的存储。计算机的最小数据单元是 bit（比特），存一位，这个是不可再分割的。计算机中所有数据和信息都是靠很多 bit 表示和存储的。或许读者对 bit 没有什么概念，它能存多少信息呢？或者反过来说，一个数字、一个字符一首音乐需要多少 bit 表示和存储呢？

简单计算一下。

对于整数，从 0 到无穷，一个 bit 只能表示两个数字，0 或 1。如果有 4 个数字要表示，需要两个 bit，即 00、01、10、11，以此类推。8 个 bit 可以表示 256 个数字，16 个 bit 可以表示 65536 个数字，32 个 bit 大约可以表示 40 亿个数字。

存储都是需要依靠物理设备的，落实到物理上，存储设备在不同的地方、不同的时代都不相同，只要能稳定地保持两种状态的器件都可以当成存储设备，最形象的就是开关。一个开关就是一个 bit，存储 65536 个数字，需要 16*65536 个开关，这是一个比较大的数，如果存储 40 亿个数字，需要 32*40 亿个开关。

读者肯定很吃惊，这么多开关合在一起，得占多大的地方啊？想象得没有错，早期的计算机确实占地面积很大，有一座房子那么大，程序员是钻进计算机里面编写程序的。

早期的计算机还是“电老虎”，性能不高（相对于现在而言），经常坏（每 15min 烧掉一只真空电子管）。后来技术越来越进步，“开关”越做越小，也越来越快。

2.3.3 形象一点来看晶体管

1947 年，美国贝尔实验室的巴丁、布拉顿、肖克莱三人发明了晶体管。晶体管尺寸小、开关速度快、发热量小，非常适用于计算机。晶体管有三极：e、c、b。高低电平变化，c 和 e 导通或截断，通过这个表示 0 或 1。

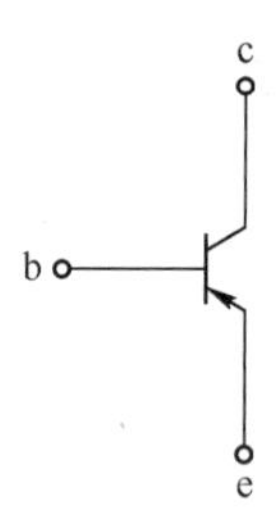

可以表示数（二进制），也可以表示逻辑运算（因为 0 和 1 可以认为是两种状态），这样实现了逻辑学的基础：布尔代数（布尔代数进行集合运算可以获取到不同集合之间的交集、并集或补集，进行逻辑运算可以对不同集合进行与、或、非。由英国数学家 George Boole 开创）。

比如 1 变为 0，0 变为 1 就是逻辑非运算 NOT

比如下表是逻辑与运算 AND

	0	1
0	0	0
1	0	1

比如下表是逻辑或运算 OR

	0	1
0	0	1
1	1	1

比如下表是逻辑异或运算 XOR

	0	1
0	0	1

1　1　0

有了二极管和晶体管，通过电路比较容易实现上面的逻辑，这种电路叫门电路（因为通过开关表示，门可以开可以关，所以起了这个名字）。

与门如下图所示。

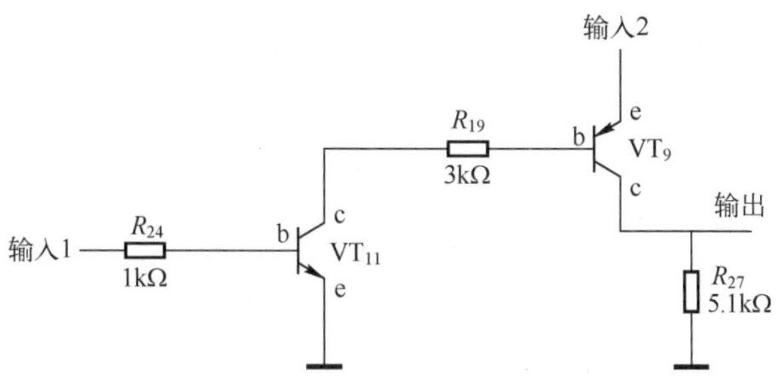

分析：当输入 1 为高电平，输入 2 也为高电平时，VT_{11} 导通，VT_9 导通，则输出点也为高电平，即为 1。

或门如下图所示。

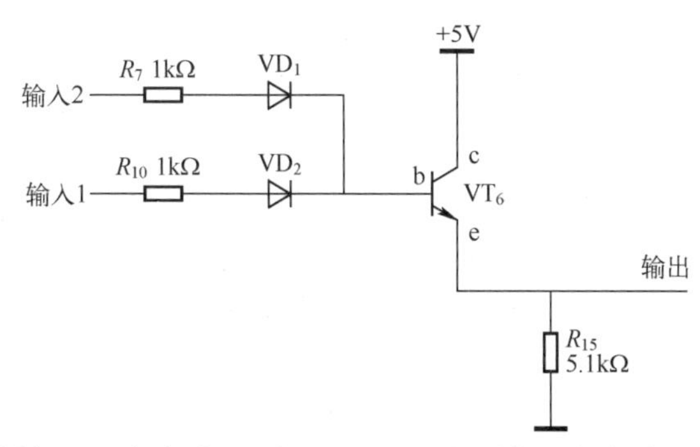

分析：当输入 1 或输入 2 为高电平时，VT_6 导通，输出点高电平，即数字量 1。

非门如下图所示。

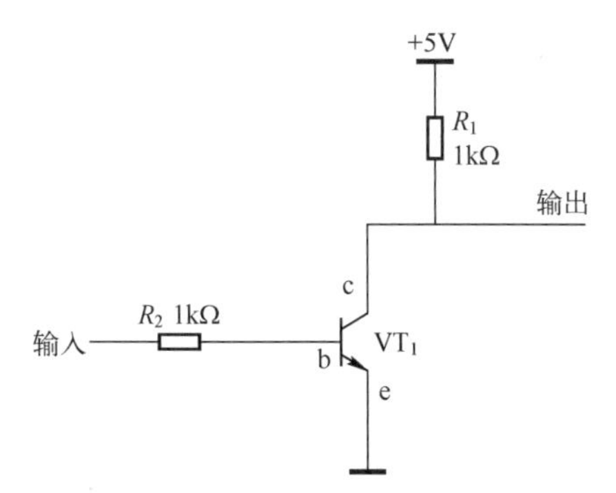

分析：当输入为高电平时，VT_1 导通，输出点电压为 VT_1 的 c、e 之间的压降，即 0.3V，即输出为数字 0；当输入为低电平时，VT_1 的 c、e 之间未导通，输出电压为上拉的电压，+5V，即数字 1。

现在用三极管做出了逻辑运算，可以看出数据和运算在二进制中是一回事，所以最后在底层统一到门电路了。

门电路的符号如下图所示。

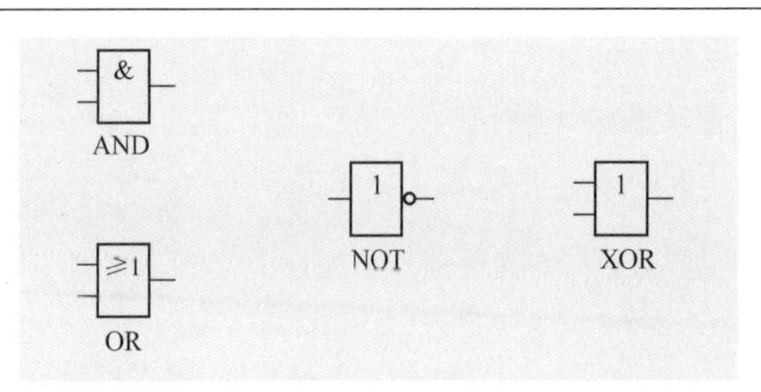

先看如何组合一下这些基本门电路让它存储状态，也就是逻辑上存一位 bit。作为存储器，基本的要求是保持状态稳定，远古的时候用小石子和绳结，它们不会轻易变化，这个固有的物理特性就让它们适合存储，而手指则不适合，一去干别的事情，手指头的状态一下子就变化了。

使用如下双稳态电路作为存储器。

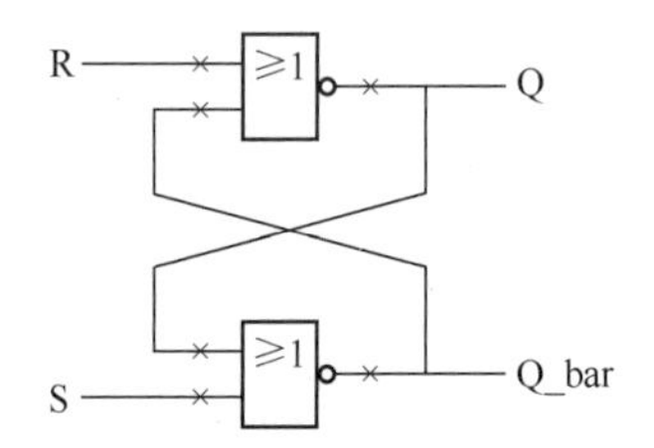

上面的电路组合了两个或非门，一个的输出是另一个的输入，这样构成双稳态结构。当 S 端设为 1 时 Q 总是 1，当 R 端设为 1 时 Q 总是 0。

当电路上一秒还在“S=0，R=1”状态时（此时 Q=0，非 Q=1），突然变成了“S=0，R=0”，此时可以发现，由于 Q=0，S=0，非 Q 仍然是 1。非 Q=1，R=0，Q 仍然是 0，双稳态电路就做到了保持 Q 的状态。电路有了记忆。所以可以存储一位 bit。这个电路叫作基本 RS 触发器。

把上面的 RS 触发器组合在一起，就可以存储多位了，如图所示。

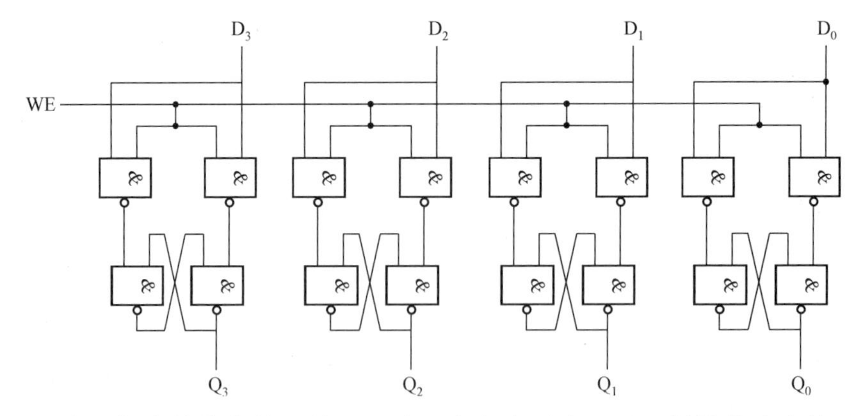

现在终于有了能存储数字的器件了。从远古人类用小石子、绳结作为存储器，经过了数千年，人们发明了速度快得多、体积小得多的存储器。

要注意，现在讲的是计算机内部的寄存器，人们平时还会接触硬盘一类的存储设备，它是如何存储的呢？它们的原理不同，用的是磁介质，这里不做进一步解释了。

2.3.4　抽象一点来看数据存储逻辑

手上有了这些器件，知道它们能从物理上表示和存储 bit，后面不需要再管实际的物理部件了，只要从逻辑上去理解如何进行数据表示和存储即可。

先看正整数。计算机内部一般用定点法存储正整数。所谓定点，就是不管这个数是 3 还是 30000，都用同样多的 bit 表示，如用 16 位 bit 表示整数。3 表示为 0000000000000011（前面补充 14 个 0）。这样的好处是整数在计算机内部都是对齐的。定点法表示整数会有一个最大值，如 16 位最大能表示的数字为 65535。

正整数是无符号的，那么如何表示有符号的数呢？表示负数就必须想办法把这个符号表示出来。前面曾提到过，在计算机中一般用补码表示。规则简单地说就是取反加 1。这个规则的另一种表述是：从最右边的位开始，逐个复制，遇到第一个 1，复制这个 1 之后的操作变成逐个取反。笔者更加喜欢第二种表述，因为这是一种机械操作式的表述，让人好像看到了计算机内部是如何变化的。

用补码表示数，最左边高位的符号如果为 1，表示为负数，0 则为正数。

如-28，28 的二进制为 00011100，求补码为 11100100，-28 就是用补码 11100100 表示的。

28 还是表示为 00011100。

因为最高位是符号，所以补码表示的数字范围是无符号表示的一半，比如用 8 位表示无符号数，表示范围为 0～255，而用补码表示范围为-128～127。

下面再看看如何存储实数。

前面介绍过，实数在二进制表示中有精度问题，IEEE 规定了几种格式，用得比较多的有两种：单精度和双精度。

这种结构是一种科学计数法，用 S（符号）、E（指数）和 M（尾数）来表示，底数定为 2，即把一个浮点数表示为尾数乘以 2 的指数次方再添加符号。

	S 符号位	E 指数	M 尾数
单精度（32 位）	1	8	23
双精度（64 位）	1	11	52

一个实数，可按照如下办法存储。

1）先确定符号位，0 为正数，1 为负数。

2）数字转成二进制。

3）规范化科学计数。

4）计算 E 和 M 值。

5）组合 SEM。

举例，5.75 的存储方法如下。

5.75 是正数，所以 S 符号位为 0，转成二进制为 101.11。把 101.11 规范化成 $1.0111*2^2$。这样识别出指数为 2，按照 IEEE 规定加 127 偏移量，得出 E 为 129，二进制表示为 10000001。

尾数为 0111（由于规范化之后小数点前永远为 1，所以就不存储了），后面加 19 个 0 补齐 23 位，M 为 01110000000000000000000。拼在一起的存储格式为 01000000101 1100000000000000000000。

除了数，还会接触到很多别的类型，如字符、音频、图像，那这些是如何存储的呢？其实一切都要数字化。

▷▷▷ 2.3.5 字符的编号

对于字符，要规定字符的编码，比如 a，规定编码为 61。标准化组织制定了一些标准来统一编码，用于共享和交换，比如常用的 ASCII，如下图所示。

$b_7b_6b_5$					000	001	010	011	100	101	110	111
Bits b_4	b_3	b_2	b_1	Row ↓ / Column →	0	1	2	3	4	5	6	7
0	0	0	0	0	NUL	DLE	SP	0	@	P	`	p
0	0	0	1	1	SOH	DC1	!	1	A	Q	a	q
0	0	1	0	2	STX	DC2	"	2	B	R	b	r
0	0	1	1	3	ETX	DC3	#	3	C	S	c	s
0	1	0	0	4	EOT	DC4	$	4	D	T	d	t
0	1	0	1	5	ENQ	NAK	%	5	E	U	e	u
0	1	1	0	6	ACK	SYN	&	6	F	V	f	v
0	1	1	1	7	BEL	ETB	'	7	G	W	g	w
1	0	0	0	8	BS	CAN	(	8	H	X	h	x
1	0	0	1	9	HT	EM	)	9	I	Y	i	y
1	0	1	0	10	LF	SUB	*	:	J	Z	j	z
1	0	1	1	11	VT	ESC	+	;	K	[	k	{
1	1	0	0	12	FF	FS	,	<	L	\	l	|
1	1	0	1	13	CR	GS	-	=	M	]	m	}
1	1	1	0	14	SO	RS	.	>	N	^	n	~
1	1	1	1	15	SI	US	/	?	O	—	o	DEL

音频是模拟信号，要全部记录下来需要无穷的存储空间，所以通过采样进行数字化，比如在一秒钟的音频中采集 100 个点，记录点上的值（16 位记录一个点的值），为了不失真，要求采样足够密，按照 MP3 的标准，每秒要采样 44100 次。

可以计算一下，按照 MP3 规范，一秒的音频的位率是 44100*16=640KB/s。

这下可以理解为什么音频文件会比文本文件大很多了。

图像也是类似的道理，可以逐点记录图像的值。JPEG 和 GIF 都是这方面的标准。同样可以想象到，存储图像也需要很大的空间。

讨论到这里可以看出，计算机内部把一切数字化，存储上存的就是数字。而运算也简化成了基本运算，即加法、移位和逻辑运算。

▶▶ 2.4 从加法到芯片

▷▷▷ 2.4.1 万法归加法

继续深究下去，打破砂锅问到底。

上述介绍的补码系统粗看起来比较奇怪，实际上不然，了解了几种运算后，就会明白补码表示是多么简便。

下面来看两个数的加减运算。a+b 或者 a−b。如果用平时数学上的表示，需要分别判断

a 和 b 的符号，加上运算符，就有 8 种组合：+++、++−、−++、−+−、−−+、−−−、+−+和+−−。内部电路的运算需要判断 8 种情况，会比较复杂。

如果用补码，因为补码自身已经处理了正负数，所以只需要判断运算符是+还是−即可，如果是+就把 a 和 b 直接相加，如果是−，就再次对 b 求补码，然后加 a。

举例如下。

计算 17+22=39，用 8 位二进制表示为 00010001+00010110，结果为 00100111。计算结果正确。

计算 22−17=5，22 的二进制表示为 00010110，17 的二进制表示为 00010001。判断运算符为−，所以把 17 求补码，为 11101111。然后加 00010110，结果为 100000101，现在最高位出现了一个进位 1，扔掉，保留 8 位，最终结果为 00000101。计算结果正确。

计算 22−（−17），22 的二进制表示为 00010110，−17 的二进制表示为 11101111。判断运算符为−，所以把−17 求补码，为 00010001。然后加 00010110，结果为 00100111。计算结果正确。

从上面的例子可以看出，用了补码之后，无论正负数，都可以统一处理了，并且化减法为加法。

所有的运算最后统一到加法了。读者是否感觉到补码简便了呢？

▷▷▷ 2.4.2　自己做个加法器

先看加法运算表：

	0	1
0	0	1
1	1	10

因为是二进制，所以加法表很简单。

这个加法表中有一个不同之处，就是 1+1=10，结果有两位，前一位是进位，后面的是值。需要分开处理，考虑进位，得到新的加法表：

	0	1
0	00	01
1	01	10

再把上表分开表示成加法表和进位表。

加法表：

	0	1
0	0	1
1	1	0

进位表：

	0	1
0	0	0
1	0	1

仔细看上表。加法表跟以前提到过的逻辑异或（XOR）操作是同一张表，进位表跟逻辑与（AND）操作是同一张表。这样可以用逻辑门电路实现加法，用一个异或（XOR）门

和一个与（AND）门。二进制下，0/1 既是数又是状态，所以逻辑运算和算术运算在电路这一层统一了。

用门电路，这个加法运算可如下图所示进行搭建。

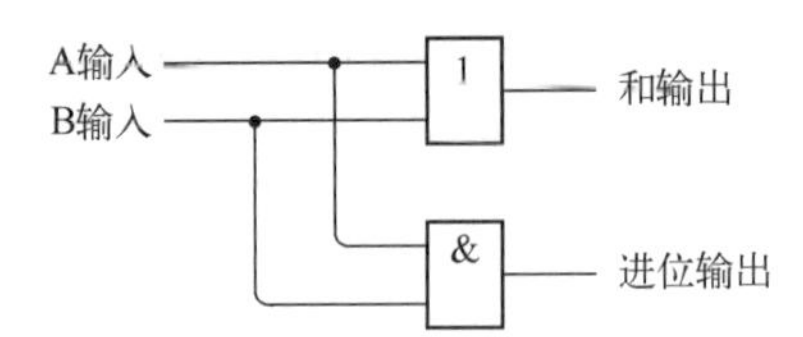

半加器简化图如下图所示。

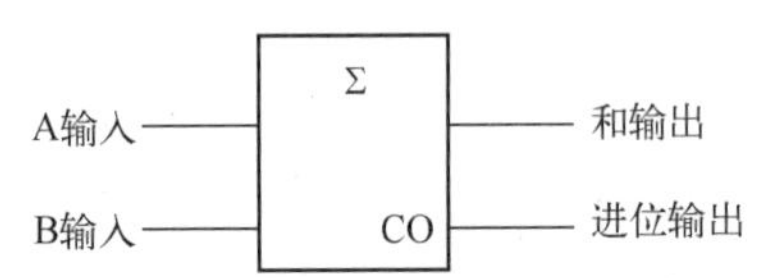

这个加法器只能计算一个 bit 的加法，还不会考虑进位，所以把它叫半加器。

接着看看多个 bit 位的加法器如何做，有了半加器，这个任务不困难，把 A+B 的和与前一步的进位再用半加器加一次，再把两个半加器的进位或门输出成本加法器的进位就可以了。即通过两个半加器加上一个或门组合成一个全加器。

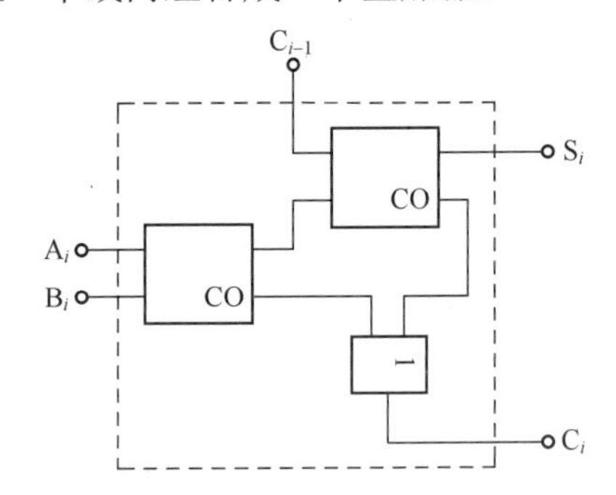

简化图如下图所示。

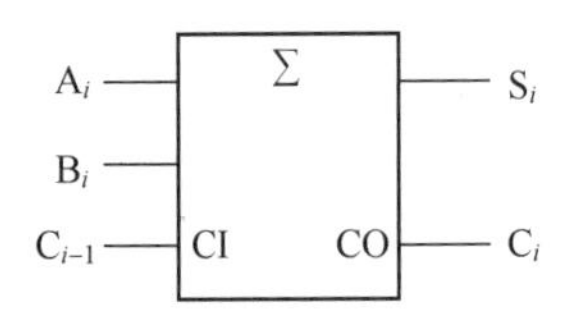

接下来，把这个加法器组合成 8 位的加法器。

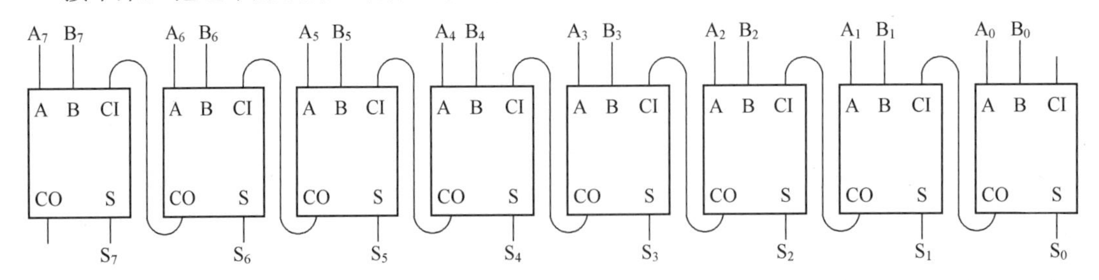

相加的数据位 A、B，从 0～7 每一位分别输入，前一位的进位输入到下一位。这样串联起来。

简化图如下图所示。

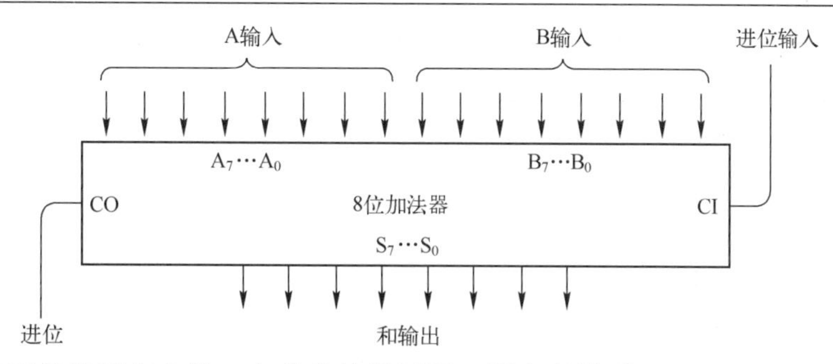

现在看是不是长得有点像一个芯片的样子了？很有科技感。

不过现在同时也看到了，实现一个简单的运算就需要很多电子元器件组合起来，非常复杂，可想而知真正的计算机有多复杂。

0 和 1 单独拿出来做不了什么事情，这些基本门电路单个也没有什么功能，但是组合在一起可以达到神奇的效果。20 世纪五六十年代仙童公司 Robert Noyce 与得克萨斯州仪器公司 Kilby 发明了集成电路，它通过半导体工艺把所需的晶体管、电阻、电容等元件及它们之间的连接导线全部集成在一小块硅片上。

现在在一个指甲盖大小的硅片上能放上亿个元器件，比如 Intel Pentium 的 i7 大概集成了 14 亿个晶体管。工艺是按照摩尔定律发展的，当价格不变时，集成电路上可容纳的元器件的数目，约每隔 18～24 个月便会增加一倍，性能也将提升一倍。这是一种指数级的增长，总有一天会将人类带到临界点。

现在只需要花几元钱就可以买到一个芯片，不要忘记这是经过了多少人多少年努力的结果。

当一个 CPU 的成本降到一张纸的成本的时候，奇点可能会来临，人类历史可能会进入下一个阶段。

想想很奇妙，一个简单的整数，一个简单的加法，通过叠层累加，最后构成了庞大的算术体系。

2.5　101 页报告改变了世界

2.5.1　又笨又快的图灵机

从上面读者知道了存储和加法是如何实现的，但是这还不是程序，那么一个程序是如何在计算机内部执行的呢？

有了前面的讲解，读者能猜到，计算机内部应该是一堆电路在飞速干活。这么想是正确的，计算机就是一个又笨又快的机器。通过简单的门电路基本的功能（加法移位逻辑运算）组合成威力无比的现代计算机。

读者可能厌倦了在这么基本的物理层面学习计算机编程，但是少安毋躁，虽然这很啰唆，但是值得的，最后花点时间从底层看看现代计算机是如何执行的。

现代计算机的理论模型是图灵机（Turing Machine），由 Alan Turing 在 1936 年的一篇论文中提出。读者可以从这个网址找到原始论文：www.cs.virginia.edu/~robins/Turing_ Paper_ 1936.pdf。

图灵机定义：M=(Q,E,Γ,δ,q0,B,F)

其中，Q 是有限状态集，E 是输入字母表，Γ 是带符号集，δ 是动作函数（L 表示读写头向左移动一格，R 表示读写头向右移动一格），q0（q0∈Q）是初始状态，B（B∈Γ）表示空白符，F（F⊆ Q）是终止状态集。

许多读者看着这个就头大了，这里写出来也只是想让大家知道图灵机是得到了严格数学证明的东西。

Alan Turing 是英国数学家，他奠定了理论计算机的基础，提出了判定机器是否具有智能的图灵测试，是计算机科学之父和人工智能之父。

下面来看看图灵机形象的表示。

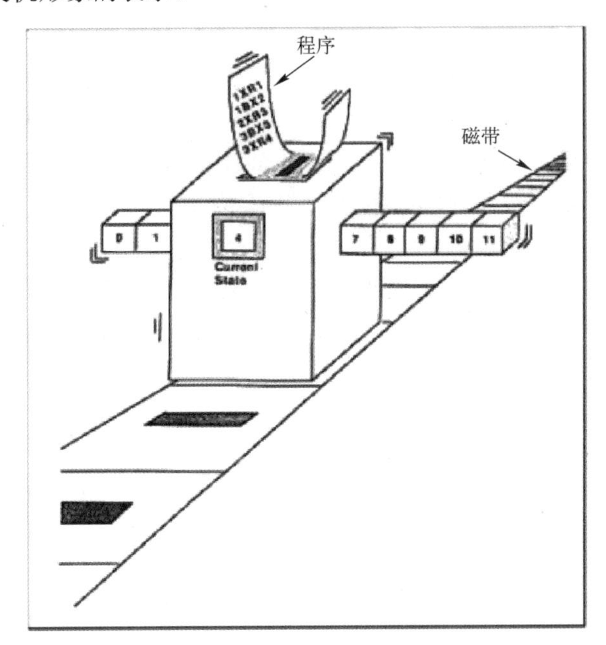

这个概念机器简单到出人意料，更加出人意料的是这台机器就表示了人的最大可计算能力！

图灵机的组成部分如下图所示。

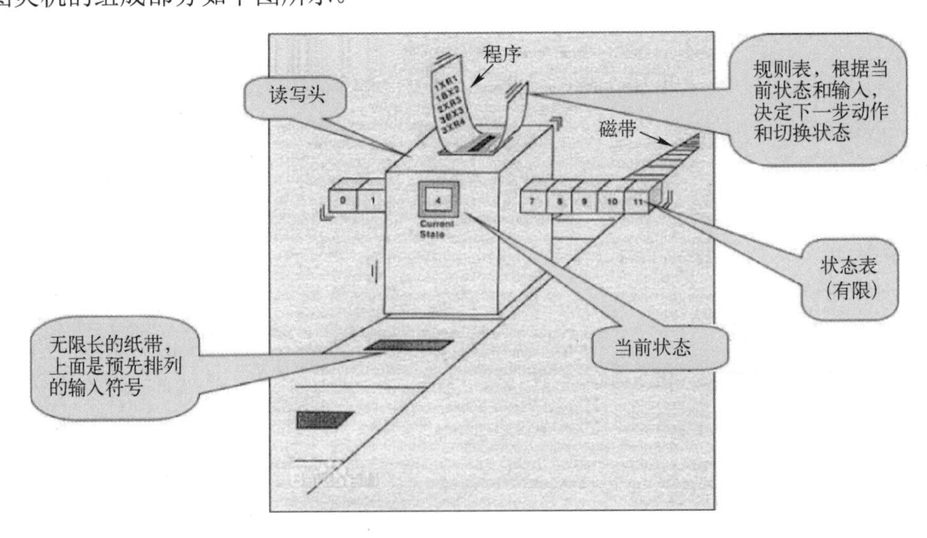

1）一个无限长的存储带，由一个个连续的存储格子组成，每个格子可以存储一个数字或符号。

2）一个读写头，读写头可以在存储带上左右移动，并可以读、修改存储格上的数字或符号。

3）内部状态存储器，该存储器可以记录图灵机的当前状态，并且有一种特殊状态为停机状态。

4）控制程序指令，指令可以根据当前状态以及当前读写头所指的格子上的符号来确定读写头下一步的动作（左移还是右移），并改变状态存储器的值，令机器进入一个新的状态或保持状态不变。

2.5.2　从 101 页报告到极简计算机

按照图灵的理论模型，设计计算机时要如何做呢？历史上有很多种尝试，伟大的数学家、物理学家冯 • 诺依曼在 1945 年写了一个报告“First Draft of a Report on the EDVAC”，报告中进行了一些规定，后来都是按照他的规定来做的，所以现代计算机体系也称为冯 • 诺依曼体系结构。这份报告总共有 101 页，史称 101 页报告（原文见 http://archive.org/download/firstdraftofrepo00vonn/firstdraftofrepo00vonn.pdf）。

在这个报告中提出了现代计算机的结构，如下图所示。

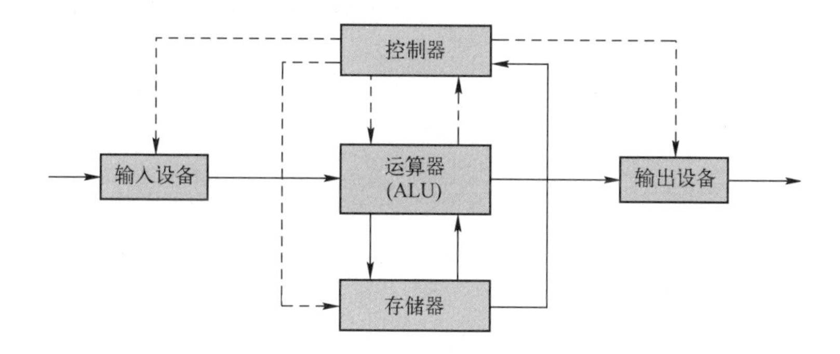

冯 • 诺依曼体系结构规定如下。

1）程序和数据都用二进制数表示。

2）采用存储程序方式，指令和数据统一存储在同一个存储器中。

3）顺序执行程序。

4）计算机由运算器、控制器、存储器、输入和输出设备 5 部分组成。各个部分之间用总线（Bus）连接，用于传递数据。

这个结构有一个特点是程序与数据都是存放在存储器中（前面提到过，运算本身是 0/1 表示的，数据也是 0/1 表示的，它们从形式上具有同一性）。

现在的 CPU 就是由控制器、算术逻辑单元和寄存器组成的。

1946 年造出来的第一台电子计算机如下图所示。

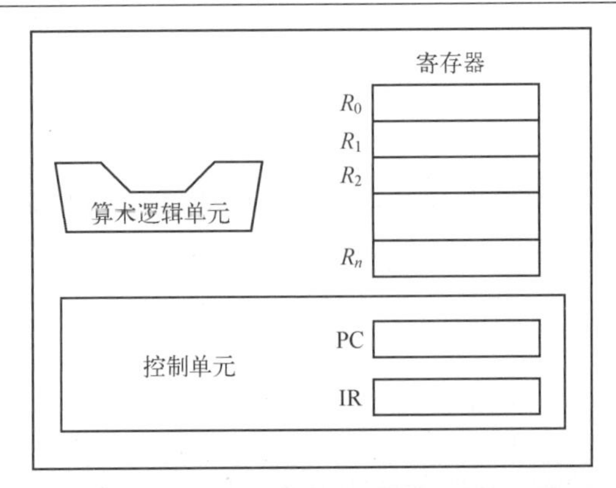

2.5.3 跟着“极简”执行代码

现在用一台极简计算机来执行一般代码。

这台极简计算机有一个控制器，它从指定的地址读指令，指令地址存在 PC 中，指令存在 IR 中。读完这个地址后，PC 就加 1，准备读下一条地址。控制器按照指令进行控制。

这台机器有一个算术逻辑单元 ALU，它负责几个算术逻辑操作，如加、减、与、或、非、异或、移位等基本运算。操作的数据对象放在寄存器中。

这台机器有 16 个寄存器，用于存放运算过程中的数据。

这台机器有存储器，保存程序和输入的数据，通过 8 位地址确定指令和数据的位置。控制器从存储器读取指令，加载数据也回存数据。

起连接作用的总线这里没有画出来。

下面通过代码把这些功能描述出来，如加载数据，功能是从存储器的某个位置加载数据到寄存器，记为 LOAD　R0　M40，解释为从地址为 40 的内存中加载数据到 0 号寄存器中；加法记为 ADD　R0　R1　R2，解释为把 1 号寄存器的数据和 2 号寄存器的数据相加，结果放到 0 号寄存器中。

这台机器还要能停下来，所以需要给指令集增加一条特殊指令 HALT。

为了便于统一处理，给这个操作进行编码，后面的操作数也规定统一的格式。比如规定一条指令由 16 位组成，分成四段，每段 4 位，第一段为指令段，后面三段表示操作数地址。把这台机器能做的事情列一个表格，叫作指令集，见下表。

指　令	编　码	数据 1	数据 2	数据 3	描　述
HALT	0				停机
LOAD	1	0	40		把存储器 40 地址中的数据加载到寄存器 0 中
STORE	2	41		2	把寄存器 1 中的数据存到存储器 41 地址中
ADD	3	2	0	1	把寄存器 0 中的数据和寄存器 1 中的数据相加，存放到寄存器 2 中
SUB	4	2	0	1	把寄存器 0 中的数据和寄存器 1 中的数据相减，存放到寄存器 2 中
MOVE	5	1	0		把寄存器 0 中的数据移到寄存器 1 中
AND	6	2	0	1	把寄存器 0 中的数据和寄存器 1 中的数据进行逻辑与操作，存放到寄存器 2 中
OR	7	2	0	1	把寄存器 0 中的数据和寄存器 1 中的数据进行逻辑或操作，存放到寄存器 2 中
NOT	8	1	0		把寄存器 0 中的数据进行逻辑非操作，存放到寄存器 1 中
XOR	9	2	0	1	把寄存器 0 中的数据和寄存器 1 中的数据进行逻辑异或操作，存放到寄存器 2 中
LSHIFT	A	0	n		把寄存器 0 中的数据左移 n 次
RSHIFT	B	0	n		把寄存器 0 中的数据右移 n 次
JUMP	C	n			把当前 PC 指令地址设为 n

这里尝试构建的这台计算机能执行 12 条指令。有些指令用不到三个数据段，可以默认给 0。

有了这个可以编程了。以 Python 的一条语句 c=a+b 为例。

程序可以如下编写。

指令 1，加载数据 a（假设内存地址为 40）到寄存器 0。

指令 2，加载数据 b（假设内存地址为 41）到寄存器 1。

指令 3，把寄存器 0 和寄存器 1 的数据相加，存到寄存器 2。

指令 4，把寄存器 2 的数据回存内存地址 42 中。

指令 5，停机。

代码表示为：

```
LOAD R0 40
LOAD R1 41
ADD R2 R0 R1
STORE 42 R2
HALT
```

用十六进制表示为：

```
1040
1141
3201
2422
0000
```

把这个程序装载进计算机，按照冯・诺依曼体系结构，也是装载在内存中的，可以规定内存区域的开头 64 个地址为程序保留（十六进制地址编号为 00-3F）。

先不管程序和数据是如何装载进去的，在装载好之后，内存中的内容如下图所示。

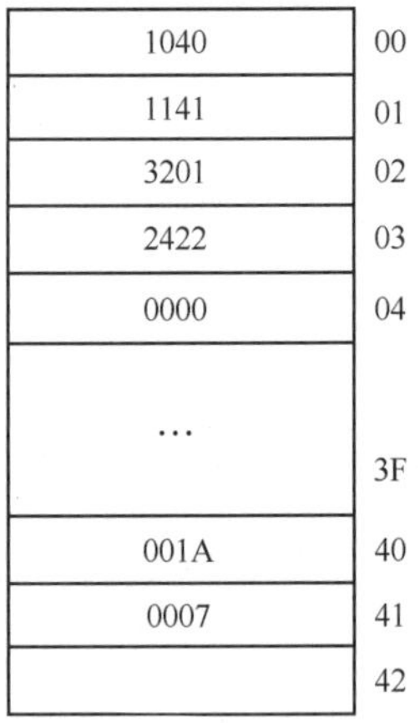

内容	地址
1040	00
1141	01
3201	02
2422	03
0000	04
…	3F
001A	40
0007	41
	42

程序执行过程如下。

1）CPU 初始化状态，PC 设为 00。

2）控制器读取 00 地址的指令，将 1040 读取到 IR 中，PC 加 1 变成 01。

3）控制器将 IR 中的指令 1040 译码为 M40->R0（将 40 地址的数据加载到 0 号寄存器）。

4）控制器执行指令。

执行完这条指令后，这台计算机变成如下图所示。

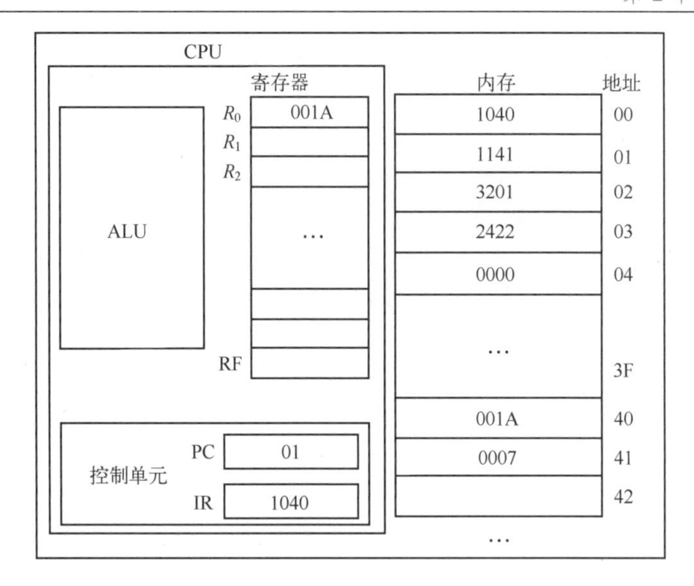

以上三条为一个机器执行周期（取指令-译码-执行指令），不断地执行下去，直到遇到 HALT 指令。

这就是现代计算机的执行过程。学到这一步，终于看到了“庐山”真面目。之前学了那么多基础进行铺垫，一步一步辛苦叠加，“为伊消得人憔悴”，但是功夫不负有心人，最后在这里触摸到了编程知识的硬核。

这台机器能“跑”起来了，但是可以看到它缺少输入设备，没办法把程序和数据输入进去。这里不仔细探讨了，从原理上，这台机器已经可以运行了。如何把程序和数据输入进去是另一个课题，实际上只要把机电设备转换成电子信号的办法都可以，如键盘、鼠标、纸带。穿孔纸带如下图所示。

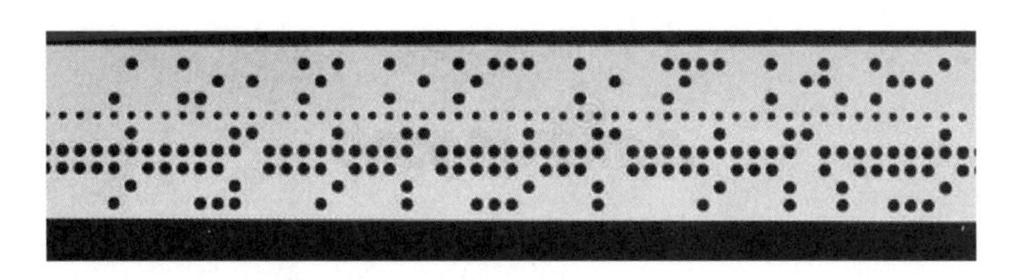

穿孔纸带的原理很简单，穿孔纸带上每个数据孔位上有一根金属针，下面有容器，里面装着水银。按下压板时，纸带上有孔的地方，针通过与水银接触，电路通，没有孔的地方针被挡住了，电路不通。这就把纸带上的 0 和 1（有孔和无孔）转成了电信号。

那么程序和数据其实就是由纸带上的孔表示的，如规定有孔的地方为 1，没有孔的地方为 0。几十年以前的程序员就是这么编写程序的，用一个东西给纸带打孔（比起第一代程序员钻进计算机中连线已经进步很多了）。Debug 可费劲了，需要用纸片把打错的孔糊起来。那个时候的程序员，还具有传统工匠的样子。

别小看这些，当年阿波罗登月时，控制程序就是用了很多卷纸的。阿波罗登月计划中，有一个职位叫“重量控制官”，是控制搭载物体的重量的，太重的东西不能携带。这个重量控制官就挨个部门跑，收集物品重量并记在小本子上，跑到程序部门，那个时候的人们对程序还没有什么概念，就问“你们部门搭载的程序有多重？”，程序员说没有重量，这个官员不信，认为凡是东西都会有重量的。过了三天，重量控制官又来了，这次手里抱了一大卷纸，跟程序员们说“你们的程序我称过了，35 磅。”这些程序员用可怜的眼神看着重量控制官说“纸带不是程序，上面打的孔才是。”

现在了解了冯·诺依曼体系结构如何执行程序，这个体系有超过七十年的时间了，未来会如何发展？留给读者去想象。

对计算机内部的结构和执行过程就讲到此为止，这是一本编程书，可以跳出物理结构了，只关注概念逻辑，后面，只在算法和 Python 语言的层面来继续编写各种程序。

欢迎来到虚拟逻辑世界。

第3章

编程基础概念

编程既然是一个学科，就会有一套自成体系的概念术语和方法，甚至有一套自己的哲学。

想进一步了解，推荐读者看看以下几本书。

Hofstadter 的 *Gödel, Escher, Bach*，中译本《哥德尔、艾舍尔、巴赫：集异璧之大成》。

Harold Abelson 的 *Structure and Interpretation of Computer Programs*，这本书作为 MIT 入门教材很多年，简称 SICP，中译本《计算机程序的构造和解释》。

Bryant 和 O'Hallaron 的 *Computer Systems: A Programmer's Prospective*，中译本《深入理解计算机系统》。

3.1 计算机的外包装

上一章一起探索了一台理论上的计算机是什么样子的。为了让大家能使用计算机，这样一台裸机肯定是不行的，不能让大家自己去管理 CPU 内存输入输出设备，管理程序装载。这些底层的工作是统一的，不需要每一个使用计算机的人自己动手去做。

这就诞生了操作系统，统一管理计算机的这些组成部件，使用计算机的人其实使用的是操作系统。

操作系统可以看成是一个调度程序，它负责管理计算机这台设备，包括 CPU、内存和 I/O 设备。那么它调度什么东西呢？如果一台计算机是一种专用的机器，其实不需要调度，但是计算机设计之初就定位为一台通用的计算机器，所以原则上一台计算机会运行很多程序。如果规定这些程序要排队，运行完一个之后才运行下一个，实际上也不需要调度。

历史上，电子计算机刚发明出来的几年，是没有什么操作系统的，全是手工操作。程序员将穿孔的纸带装入输入机，然后启动输入机把程序和数据输入内存，接着通过控制台开关启动程序针对数据运行；计算完毕，打印输出计算结果；用户取走结果并卸下纸带（或卡片）后，才让下一个用户上机。

而现在读者熟悉的实际情况是一台计算机上会同时运行很多程序，可能是边写作边放音乐，还在通过网络下载文件，甚至同时在网络上聊天。对这些程序任务进行管理是操作系统要处理的核心事务，每一个程序都需要占用计算机的计算资源，如 CPU、内存、输入输出设备，互相之间不能“打架”，所以需要一个调度机制。

历史上诞生过很多种操作系统。

首先出现的是批处理系统，在它的控制下，计算机能够自动、成批地处理一个或多个用户的作业（包括程序、数据和命令）。大大提高了效率，不过 CPU 的性能还是没有充分利用，因为输入输出这些操作要通过机电设备，很慢，作为纯粹的电子设备的 CPU，大部分时间要等着这些设备完成工作。

为了克服这些矛盾，出现了多道程序技术，允许多个程序同时进入内存并运行。这里要理解“同时”这个词的含义，它是一种对人的感受来讲的“同时”，因为 CPU 只有一个，严格说起来，是没有同时的，一瞬间只执行一条指令。实际上，是让这些任务交替在 CPU 中运行，它们共享系统中的各种软、硬件资源。当一道程序因 I/O 请求而暂停运行时，CPU 便立即转去运行另一道程序。CPU 很快，虽然它是交替为这些程序服务，但是从人的感受来讲是多个任务同时在运行。

这样一步一步演变成现代的操作系统。

比较主流的操作系统如 UNIX。UNIX 是一种强大的多任务、多用户操作系统。1970 年，Ken Thompson 发布了第一个版本，后来 Dennis M. Ritchie 加入改写，因此一般把 Thompson 和 Ritchie 称为 UNIX 发明人。UNIX 是强大的系统，但是它的核心却是非常小的，1979 年发布的正式 UNIX 的核心只有 40KB。

3.2 计算机的高级语言

上一章在演示理论计算机时，用了两种编程的方式，一种是二进制，一种是机器指令。

机器指令代码表示为：

```
LOAD R0 40
LOAD R1 41
ADD R2 R0 R1
STORE 42 R2
HALT
```

二进制转化为十六进制表示为：

```
1040
1141
3201
2422
0000
```

计算机编程语言就是指令规范，告诉机器如何运行。前面演示看到的机器指令叫汇编语言。计算机语言虽然是给机器用的，但是却是人来编写的，二进制和汇编语言太底层了，对人不友好，所以又进一步发展出了接近于人类习惯的语言，即高级语言。

历史上比较重要的高级语言有很多，如下所述。

（1）Fortran

Fortran 是第一个计算机高级语言，现在还在数值计算领域使用。它是在 1956 年由 John

Backus 开发的。Backus 提出了 BNF（用来定义形式语言语法的记号法），并于 1977 年获得图灵奖。

（2）Algol

Algol 是首批被清晰定义的高级语言，于 1958 年发布。它由美国和德国科学家组成的联合小组研发。

（3）Basic

Basic 是 1964 年由美国达特茅斯学院 J.Kemeny 和 Thomas E.Kurtz 研发的。开始定义为一个给初学者使用的程序设计语言，在学习者中流行。Microsoft 的 Bill Gates 又将 Basic 进一步推广。

（4）Smalltalk

Smalltalk 是一种面向对象的、动态类型的编程语言。由 Alan Kay 等人在 20 世纪 70 年代初开发。

（5）C

C 是 1972 年由 Dennis Ritchie 设计，Dennis Ritchie 和 Ken Thompson 共同开发出来的。这是历史上到现在为止影响力最大的编程语言。C 语言高效、灵活、功能丰富、表达力强，在程序设计中备受青睐。现在依然被广泛使用。1979 年，Brian Kernighan 和 Dennis Ritchie 出版了 *The C Programming Language*，推荐读者阅读。

（6）Pascal

1971 年，N.Wirth 教授开发了 Pascal 语言。Pascal 语言语法严谨，程序易写，具有很强的可读性，是第一个结构化的编程语言。N.Wirth 教授曾说“算法+数据结构=程序”（Algorithm+Data Structures=Programs）。N.Wirth 因为在计算机编程语言方面的贡献，于 1984 年获得了图灵奖。

（7）C++

C++是 1980 年前后由 Bjarne Stroustrup 开发的。现在是广泛使用的主流语言。他出版的 *The C++ Programming Language* 被誉为 C++编程方面的“圣经”。

（8）Python

Python 是由丹麦的 Guido van Rossum 开发的，他于 1989 年开始设计 Python，并于 1991 年发布。现在是广泛使用的主流语言。

（9）Java

Java 是 1995 年由 James Gosling 开发的。现在也是广泛使用的主流语言。

3.3 Goto 语句有害

这里探讨的程序结构基于一个编程的范式：结构化编程（Structural Programming）。当然还有别的范式，技术演进的历史进程，通行的就是结构化编程和面向对象编程，而面向对象编程内部的基础还是结构化编程。所以这里也只是说基本的结构化编程的程序结构。

一个计算机程序从结构上来说，有三种结构：顺序（Sequence）、分支（Decision）和循环（Repetition）。科学家证明了只要这三种结构，就可以完备地表达算法。

顺序结构举例：

```
a=1+2
b=3
print(a*b)
```

上面的三条语句是逐一按照次序执行的。

分支结构举例：

```
if i<0:
    print ("Negative")
elif i==0:
    print ("Zero")
else:
    print ("Positive")
```

循环结构举例：

```
i = 0
while i< 10:
   print (i)
   i += 1
```

只要条件 i<10 成立，就会一直执行下面的两条语句。

还有一种循环语句的表达：

```
for i in range(5):
print(i)
```

for 语句是遍历序列范围内所有的值，运行结果如下：

```
0 1 2 3 4
```

循环体中，可以通过 break 语句退出循环，也可以通过 continue 进行下一轮循环。

结构化程序设计采用“自顶向下，逐步求精”的方法从问题本身开始，经过逐步细化，将解决问题的步骤分解为由基本结构模块组成的结构化程序框图；代码实现时由顺序、选择和循环三种结构通过组合、嵌套构成。据此就比较容易编写出结构良好的程序来。

这些概念由软件大师 E.W.Dijkstra 在 1965 年提出。E.W.Dijkstra 曾经在 1972 年获得图灵奖，他是荷兰第一位计算机专业的科学家。他对程序员影响最大的是“Goto 语句有害论”。

3.4 说说数据结构

前面已经用程序来处理数据了，隐含地把它们的组合也涉及了，也就是说，要处理的并不是一个数字，也不是单个字符，而是一组数字和字符。这是一种数据之间的组合结构。

可以按照数据之间的关系进行分类，如果一组数据是一个接着一个排着队，即 1∶1，可以叫作线性序列，如果它们是一个对应两个或者多个，即 1∶N，可以叫这种结构为树，如果它们之间的关系是多对多，即 N∶N，可以把这种结构叫作图。

线性序列如下所示。

48	6	57	88	60	42	83	73	72	85

上图所示并不表示这些数据之间是连续存储的，只是表示它们之间关系的图，每个数据只有一个前置数据和一个后置数据。

树如下图所示。

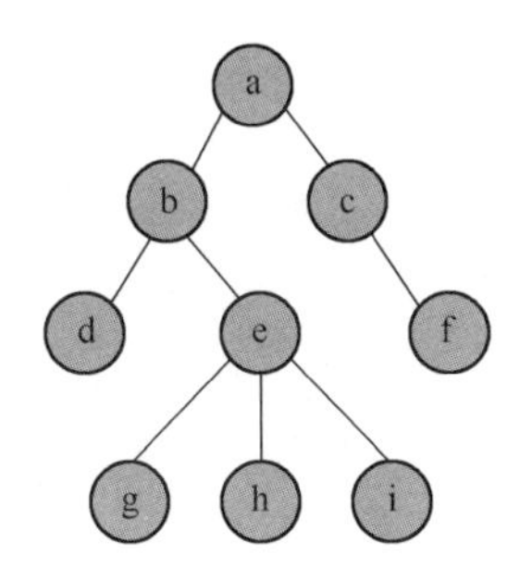

树中每一个数据有一个前置，但是可能有多个后置。

图如下图所示。

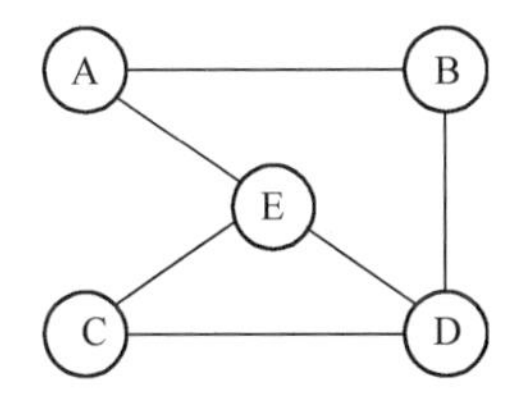

图中每一个数据可能有多个前置和多个后置。

不同的结构适用于不同的问题场景，有不同的操作方式和效率。正确的数据结构选择可以提高算法的效率。在计算机程序设计的过程中，选择适当的数据结构是一项重要工作。许多大型系统的编写经验显示，程序设计的困难程度与最终成果的质量、表现，取决于是否选择了最适合的数据结构。

常见的数据结构如下。

- 数组（Array）。
- 链表（Linked List）。
- 堆栈（Stack）。
- 队列（Queue）。
- 堆（Heap）。
- 散列表（Hash table）。
- 树（Tree）。
- 图（Graph）。

3.5 面向对象编程

3.5.1 什么是面向对象编程?

现在的世界，大家都用面向对象编程。这是在结构化编程的基础上进一步发展出来的。以前编程的范式是数据结构+算法，后来软件规模越来越大，在一个程序中出现了成百上千个函数过程和数据结构，程序很不容易维护。于是人们就把程序分解成子程序，子程序中包含更小的组成部件，每个部件由一些数据结构及相关的算法组成。这些部件叫作对象。

按照这样的观点，程序由一堆对象及对象间的消息互动组成。听起来好像很平常，甚至认为很自然。这个思想却是一大进步。这个范式最后成为主流，现在几乎所有的系统都是按照这个范式构建的。

这个范式有什么优势呢？理论上的研究表明，需求构成了“问题空间”，程序构成了“解决空间”，两个空间的相似度决定了解决的困难度。传统上，要解决一个问题，计算机提供的却是寄存器、内存、加法器这一类机器的概念术语，所以将问题空间映射到解决空间时很复杂。而面向对象事件驱动的模型，跟现实世界的问题空间有一定程度的相似度，能够比较省力地进行映射，解决问题。这个现实世界，本就是由一个一个的主体、客体构成，它们发生了什么事情，本来就是通过消息传递方式联系在一起的。面向对象编程有一些新的术语，如类、对象/实例、消息、方法、属性。后面会接触到。

3.5.2 Python 的混合编程

不过任何一种编程范式都是有局限的，面向对象范式的缺点是过于强调名词（对象），而把动词（操作/算法）隐藏在名词中没有独立抽象出来，遇到有些场景会设计得比较复杂。比如关系数据库的场景，1970 年发展出来的关系理论非常强大，但是与面向对象思想不是很兼容，在设计软件时，需采用一种叫作 ORM 的方式进行映射，很复杂而且低效。笔者个人的观点，关系数据库是一种流，不是对象，应该采用代数演算来处理，设计模式需要改变，要对等考虑对象、动作和关系。

Python 支持多种类型的编程范式，如过程式编程、函数式编程、面向对象编程，而且还可以融合多种类型的范式。后面编写的程序也是过程混合对象编程，会进行相应的介绍。

Python 类的结构是：

```
class ClassName:
    <statement-1>
    .
    <statement-N>
```

类是相同对象的一个抽象，包含了属性和方法，可以理解为传统编程中的变量和函数，也可以理解为一个完成某功能的独立程序单元。

类本身只是一个定义，运行时要根据这个类的定义生成一些实例去执行，这些实例也叫对象。对象中有自己的属性和方法，两个对象之间这些属性的值是独立的，互不干扰。

而一个类还可以有子类，子类继承了父类的属性和方法，之外还可以有自己特殊的方法和属性。一个实际的系统都会构建一整套继承体系，这也是面向对象编程的难点，不小心设计，很容易把体系构建得乱七八糟。所以，架构师一般会设计一些接口或者纯粹虚的类，作为对外的界面，然后构造一些抽象类进行基础部分的实现，最后让程序员实现具体的子类完成特定的业务逻辑。

在实际语言的实现中，除了常规的用实例去运行，还会提供类级别的运行，可以直接使用类中的变量和方法。

看一个例子：

```
class MyClass:
    i = 100 #类变量
    def __init__(self,initp): #构造方法
        self.i=initp #实例变量
    def test(): #类方法
        print(MyClass.i)
        return "test()"
    def method1(self): #实例方法
        return 'hello world'
```

测试一下：

```
x = MyClass(10) #创建一个类实例
y = MyClass(20) #创建另一个类实例
print(x.i) #x 实例的变量 i
print(y.i) #y 实例的变量 i
print(MyClass.i) #类变量 i
print(MyClass.test()) #类方法 test()
```

历史上，很多科学家都为面向对象编程贡献了想法，所以不能确切地说谁发明了面向对象的概念。这里要提到的 Alan Kay 是比较出名的一个，他 1960 年就提出了这个想法，1970 年发明了 Smalltalk 语言，为图形界面做出了先驱性贡献，于 2003 年获图灵奖。他最有名的一句名言是“The best way to predict the future is to invent it.”。

3.6 进程与线程

对于操作系统而言，进程是整个系统的根本，操作系统是以进程为单位执行任务的。随着技术发展，在执行一些细小任务，且本身无须分配单独资源时，进程的实现机制依然会烦琐地将资源分割，这样会造成浪费，而且还消耗时间，所以就有了专门的多任务技术被创造出来——线程。线程的特点就是在不需要独立资源的情况下就可以运行。如此一来会极大节省资源开销，以及处理时间。

进程和线程的主要差别在于它们是不同的操作系统资源管理方式。进程有独立的地址空间，而线程只是一个进程中的不同执行路径。线程有自己的堆栈和局部变量，但线程之间没有单独的地址空间，所以多进程的程序要比多线程的程序健壮，但在进程切换时，耗费资源较大，效率要差一些。

简单地说，进程是并发执行的程序在执行过程中分配和管理资源的基本单位。线程是进程的一个执行单元，是比进程还要小的独立运行的基本单位。一个程序至少有一个进程，一个进程至少有一个线程。

Python 支持多线程，示例：

```
class myThread (threading.Thread):
    def __init__ (self, threadID, name):#构造方法
        threading.Thread.__init__(self)
        self.threadID = threadID
        self.name = name
    def run(self): #线程入口方法
        print ("开始线程：" + self.name)
thread1 = myThread(1, "Thread-1", 1) #创建一个线程
thread2 = myThread(2, "Thread-2", 2) #创建另一个线程
thread1.start()
thread2.start()
print ("退出主线程")
```

3.7 递推与递归

在进行计算时，经常会用到递推的概念。递推是一种用若干步可重复的简单运算来描述复杂问题的方法。通常是通过计算前面的一些项来得出序列中当前项的值。

程序调用自身称为递归（Recursive）。它通常把一个大型复杂的问题层层转化为一个与原问题相似的规模较小的问题来求解，递归策略只需少量的程序就可描述出解题过程所需要的多次重复计算，大大地减少了程序的代码量。

比如对斐波那契数列，来看看这个函数的定义，fib(n)的返回值是 fib(n-1)+fib(n-2)。这个概念上很清晰，但是似乎陷入了死循环中无法出来了，所以一定要有一个出口，当 n 为 1 和 2 时，要规定一个值。这就是递归的写法。

读者心里肯定会问：那么程序究竟是如何执行这个递归的呢？自己调用自己总是感觉奇奇怪怪的。

要再次进入计算机内部，来看一个普通函数是如何执行的。

一个函数，定义时，有一个名字、输入的参数、返回的值，内部还要用到很多临时的变量和指令。

计算机在调用一个函数时，会在一个叫作“栈”的内存空间为这一次调用划出一片空间来，存放本次函数调用用到的参数及内部变量。假如在执行函数体内部时，又碰到别的函数，同样的办法，在栈中再开辟一片新的空间，存放新函数用到的参数及内部变量。当这个新函数执行完毕后返回，计算机就把新开辟的这一片栈空间释放，带着返回值回到前一个函数中断的地方，前一个函数的栈空间仍然存在，相当于程序执行返回到了以前的现场。

如果是递归的情况，自己调用自己，原理是一样的，计算机为第二次函数调用也是一样地开辟一片新空间。与调用其他函数没有区别。其原理如下图所示。

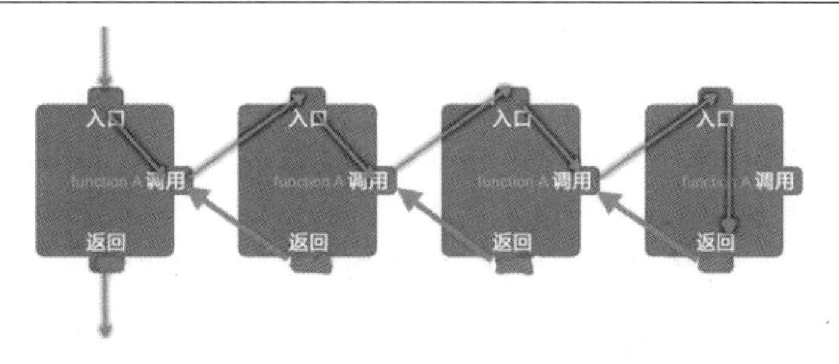

上图演示了一个函数自己调用自己，共调了 4 遍。计算机内部开辟了 4 个空间，每个空间都是独立保存了一份函数的现场（也叫执行上下文，包括参数、变量等）。最后一次递归遇到终结条件就会返回上一级，这样一级一级返回，直到初始调用处。

可以看到，递归内部的实现跟普通函数没有什么区别。

3.8 关于分治

当求解某些问题时，由于这些问题要处理的数据相当多，或求解过程相当复杂，使得直接求解法在时间上相当长，或者根本无法直接求出。对于这类问题，往往先把它分解成几个子问题，找到求出这几个子问题的解法后，再找到合适的方法，把它们组合成求整个问题的解法。如果这些子问题较大，难以解决，可以再把它们分成几个更小的子问题，以此类推，直至可以直接求出解为止。这就是分治策略的基本思想。

基本的步骤为：分而治之，把一个复杂的问题分解成很多规模较小的子问题，然后解决这些子问题，把解决的子问题合并起来，大问题就解决了。

比如二分查找，用的就是分治思想。要在一个有序的升序数组中查找一个数 x，不用与数组中的每个数挨个比较，这是暴力枚举。仔细考虑一下，可以把问题分成两部分，分别比较前半段和后半段，然后继续细分。

还有排列问题、归并排序、棋盘覆盖问题等，都体现了分治思想。

3.9 算法及性能分析

算法是计算机上的一系列操作，每个算法都需要占用计算机的计算资源，要衡量算法的时间复杂度和空间占用情况。

时间复杂度，一般用大 O 表示，有三个指标：最坏情况下的时间复杂度、平均时间复杂度、最好情况下的时间复杂度。

- 常数阶：$O(1)$。
- 对数阶：$O(\log_2 n)$。
- 线性阶：$O(n)$。
- 线性对数阶：$O(n\log_2 n)$。
- 平方阶：$O(n^2)$。
- 立方阶：$O(n^3)$。
- 指数阶：$O(2^\wedge n)$。

- 阶乘：$O(n!)$。

分析程序代码，记录每一个操作，这样做工作量太大，所以一般只衡量执行频度最高的语句所消耗的时间，得出一个数量级就可以了。典型的是分析循环、递归、批量移动位置等操作。

空间复杂度是指算法为了运行所需要的额外空间。常见的如下所示。

- 常数阶 $O(1)$：冒泡排序、插入排序、选择排序、希尔排序、堆排序。
- 线性阶 $O(n)$：二路归并排序。
- 对数阶 $O(\log_2 n)$：快速排序。

第4章

数学与编程是一家

▷▷ 4.1 什么是函数？

▷▷▷ 4.1.1 先算一个阶乘

阶乘用符号表示为!，是一种连续的乘法，比如 3!=3*2*1=6，通用式为 $n!=n*(n-1)*(n-2)*\cdots*1$。

求 4!，可以毫不费力写下这个程序：

```
print(4*3*2*1)
```

运行结果为 24。正确。

再计算 8!，可以改写上面的程序：

```
print(8*7*6*5*4*3*2*1)
```

运行结果为 40320。还是正确。

但题目是 50!呢？

前面提到过计算机是一种可编程通用计算机器，如果计算一个阶乘都需要每次改动程序代码，也太不通用了吧？

问题出在这个程序并没有表示出那个通用式：$n!=n*(n-1)*(n-2)*\cdots*1$，而是用了一个个具体的数字进行计算。下面来看看如何解决这个问题。

对于 n，要拿 n 个数相乘，每次的乘数减 1。具体的程序代码要用到循环。程序如下：

```
#factorial.py
#Author: Clive Guo
#Last Modified: 26/09/2019
n=6
result = 1
while n>1 :
    result = result * n
    n = n - 1
print (result)
```

解释一下，#代表本行是注释，不是可执行的语句，是一些说明。一般，会写程序名、作者及最后修改日期。为程序写注释是一个好习惯。本书后面的代码，因为篇幅的问题，只用一些代码片段说明算法，省略这些注释。

n 变量就是题目中的数，result 变量就是要计算出的结果。这个结果是在程序运行过程中逐步计算出来的，通过一个 while 循环实现的，原理如手工计算一样，对于6*5*4*3*2*1，先算 6*5，得出 30。仔细看一下 while 语句后面的两句，是缩格的，表示这两句是 while 中的代码块。while n>1 意味着只要 n 还比 1 大，就要永远执行这个代码块。

下面仔细跟踪一遍。

刚开始，变量 n 为 6，结果 result 为 1，这是初始状态。然后程序执行第三行 while n>1:，判断的结果 6>1，符合条件，于是执行循环代码块，先计算 result*n，即 1*6，得出 6，然后通过=把这个值赋给 result 保存起来，所以这个时候 result 为 6，n 还是 6。接着执行循环代码块的第二句话 n=n−1（=在这里不是等于的意思，而是赋值的意思，所以计算机对 n=n−1 的执行，是先计算出 n−1 即 5，然后把 5 赋值给 n 保存起来。）这个时候 result 为 6，n 是 5。循环代码块执行完毕，再检查 while 条件，5>1，所以仍然符合条件，还要继续执行代码块。这样一步一步直到最后 n=1 时，while 条件不成立了，结束这个循环。程序继续执行最后一句 print(result)，即最后的结果 720。

循环程序，很重要的一点是搞清楚循环的初始状态和终止状态，很多错误都是出在这个边界条件。所以程序员也是要“烹小鲜”，小心翼翼，让程序“行在当行处，止于当止时”。

这是第一个正儿八经的程序，考虑到是中学生和大学低年级学生学习，详细讲解了步骤，后面省略讲解。读者的头脑中要能一步步跟踪得下来，感受一下一台机器如何一点点计算出这个结果。编程有时候很痛苦，痛苦的根源在于人太聪明而机器太“笨”，明明人很容易算出来的东西放在机器中要用很机械的步骤完成，所以程序员的工作相当于降维，用“笨”的方法思考问题，时间长了，有时候回忆不起正常人是如何解决问题的了，人脑被“电脑”化了。

前面提到过，程序从结构上来说，就只有三种，上面的例子中用到了顺序和循环。

读者可能会疑惑，计算机内部真的是这么一步步计算出来的吗？其实也不是，真实的情况比这个还要“笨”。这涉及计算机如何执行指令集，后面会专门介绍。

上面的代码通过循环解决了手工写死一个具体表达式的问题，不过读者肯定看到了一个有问题的地方，就是第一句话 n=6，这样编程序，还是照样只能计算一个数，效果上只强一点点而已。所以要想办法替换这个 6。利用 Python 提供的一个命令 input，让用户临时手工给出这个数。程序修改如下：

```
n=int(input("enter a number:"))
result = 1
while n>1 :
    result = result * n
    n = n − 1
print (result)
```

上面的程序 input()执行时将等待用户输入，如果用户输入 6，它就按照 6 得出最后的结果 720；如果用户输入 4，它就得出最后的结果 24。

不过，这里还有一个问题，如果输入的不是数字（由于失误或者故意），那怎么办呢？比如输入了一个 x，运行结果如下：

```
Traceback (most recent call last):
  File "E:/Python37/factorial1.py", line 1, in <module>
    n=int(input("enter a number:"))
ValueError: invalid literal for int() with base 10: 'x'
```

程序提示出错！输入时，用户可以输入键盘上的任何字符，并不是所有的字符都能转换成数字。所以这里需要做输入错误检查。后面介绍字符编码时再介绍如何判断输入的是不是数字或英文字母。

总之，上面的程序远不完美，不能校验输入，也不能处理负数。但是不要气馁，编程水平要慢慢提升，坚持编写，坚持思考，就会越练越好。

从这个题目学到了循环。其实这个概念最早是由 Ada 提出来的。她是世界上第一位程序员，所以笔者也把第一个程序特意设计为利用循环算术。

另外，阶乘还有另一个通用式为 $n!=n*(n-1)!$，也可以通过程序实现这种方式的计算。这需要引入“递归”的概念，后面会介绍到。

4.1.2 往前走一步——求平方根

数学中有很多操作是互逆的，正向操作简单，但是逆向操作很复杂。平方的逆操作是开平方根，开方操作计算起来并不容易。

在中学的课本中，会讲到竖式计算法。它的基本思路如下。

比如 1156 是四位数，不难看出它的平方根是个两位数，且十位上的数字是 3，于是问题就转换成：怎样求出它的个位数 a？根据两数和的平方公式，可以得到：

$1156=(30+a)^2=30^2+2\times30a+a^2$，所以 $1156-30^2=2\times30a+a^2$，即 $256=(30\times2+a)a$，

这就是说，a 是这样一个数，它与 30×2 的和，再乘以它本身，等于 256。

为便于求得 a，可用下面的方法进行计算。

3 是平方根的十位数，将 $1156-30^2$，得到余数 256，把这个余数试除以 30×2，得 4（如果未除尽，则取整数位）。由于 4 与 30×2 的和 64，与 4 的积正好等于 256，4 就是所求的个位数 a. 于是得到 $1156=34^2$。逐步补充 0 来接近。

求平方根最早出现在我国古代数学著作《九章算术》（约 2000 年前）的“少广”章，它系统地介绍了中国古代的数学体系。但是该书的整个体系是偏向于实用的，没有原理证明，这与以《几何原本》为代表的公理逻辑体系形成鲜明对比。

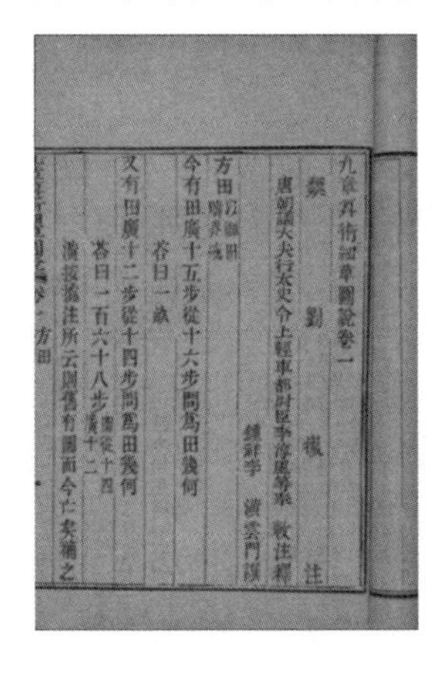
九章算術細草圖說卷一
魏 劉 徽 注
唐朝議大夫行太史令上輕車都尉臣李淳風等奉 敕注釋
方田
今有田廣十五步從十六步問爲田幾何
荅曰一畝
又有田廣十二步從十四步問爲田幾何
荅曰一百六十八步
潢按滋注所云圖舊有圖而今亡失補之

上面的开平方运算非常烦琐，现在很少用到。

在计算机算法中，其实用的不是上述办法，那实在太麻烦了，会用几种其他方法，比如二分法、牛顿逼近法。

二分法是一种渐渐逼近的办法，比如要求 10 的平方根，观察一下不难得知这个数肯定在 0～10 之间，取中间值 5 来算一下，为 25，比 10 大，所以这个数一定比 5 小而比 0 大，再次取中间值 2.5，这样一直算下去逐步逼近真数。

这个办法很“笨”，通过很多次循环一点点接近。因为计算机“跑”得快，所以“笨方法”还很有效。

用下面的程序实现上面的算法：

```
print ("Square root calculator")
x = 10
a=0
b=x
c=(a+b)/2
while c**2-x>0.0001 or c**2-x<-0.0001:
    if c**2>x:
        a=a
        b=c
    if c**2<x:
        a=c
        b=b
    c=(a+b)/2
print (c)
```

稍微解释一下，x 为给定的原值，a 为平方根的下限，b 为平方根的上限，c 为猜测的值，初始为中间值 c=(a+b)/2，用这个值逼近真值。

while 的循环条件为精度要求。如果还没有达到精度要求，就判断试值的平方大于还是小于原值，如果大于，说明这个试值猜测得大了，那么下一个猜测得值应该在下限与当前试值中间，所以可以重新划定上下限，这就是 a=a，b=c 两句的含义，反之，用 a=c，b=b 划定上下限。这里用到了 if 语句，就是前面提到的层序结构中的分支结构。

之后再用新的上下限的中间值当成下一个试值。一直这么循环下去，最后得到符合精度要求的结果值。读者最好拿起笔在纸上把这个过程跟踪一遍。

要记住一点，其实得不到真值，得到的永远是近似值。

审视上面的程序时，也会发现问题。有了以前的基础，估计读者也能看出几个明显的问题，第一个就是 x=10，不应该直接赋值，应该是从外部接收一个值。除此之外，这个程序没有处理负数。

但是，这个程序最大的问题还不在这里，而是有一个错误，程序员的术语是 bug。1947 年 9 月 9 日，Grace Hopper 发现了第一个计算机上的 bug：Mark II 计算机不能正常工作。经过排查，发现是一只飞蛾意外飞入了计算机内部而引起的故障。Grace Hopper 用镊子夹出了飞蛾，把错误解除，并在日记本中记录下了这一历史事件。

回到这个 bug 上来，如果给定的这个值小于 1，这个程序会陷入无穷循环中，程序无法结束。这是因为 x<1 时，x 的平方根是大于 x 的，落在 0 到 x 区间之外。所以要改进一下前面的算法，判断一下 x 的大小，如果 x<1，就把上下限设定为 x 到 1 之间。修改这个 bug 后的程序如下：

```
print ("Square root calculator")
x = float(input("enter one number:"))
if x>1:
    a=0
    b=x
elif x>=0:
    a=x
    b=1
else:
    print("error: negative number.")
    exit()
c=(a+b)/2
while c**2-x>0.0001 or c**2-x<-0.0001:
    if c**2>x:
        a=a
        b=c
    if c**2<x:
        a=c
        b=b
    c=(a+b)/2
print (c)
```

修改后的程序，原值由外部输入，判断了大于 1、大于等于 0、小于 0 三种情况。其中用到了 exit()这个 Python 提供的系统函数，用于退出程序执行。这个办法不是很好，后面会介绍如何更好地处理退出。

有些用心的人会想知道究竟用了多少次循环才得到了这个逼近的数，这里与精度有关，读者可以在循环代码中加上一个计数器，看看结果。

笔者试验的结果，4 位精度下，计算 10 的平方根，循环了 18 次，10 位精度下是 35 次。

有的读者可能会特别好奇，究竟多少位精度合适呢？计算圆周率 Pi 时经常也会有这样的疑惑。这个与对计算结果的要求有关，如果 Pi 取小数点后 35 位，那么计算出来的太阳系周长的值的误差只有一个原子大小。

有时会觉得数学真的很神奇，坐在桌子前用一支笔居然能算出浩瀚的宇宙。

还有一些严谨的人在使用算法时心里会有疑惑：如何知道这个算法本身是正确的呢？一般的做法是多测试几个数。但是数是无穷的，测试再多也不能表明算法是正确的，算法需要证明才能成为真理。这里不给出证明，这需要用到高等数学知识，读者可以从下面的例子来了解一下。

求解 $f(x)=x^2-n$ 的零点。在 $[0,n]$ 的区间上，$f(x)=x^2-n$ 自然单调递增，可证二分法必然收敛。

在计算平方根的几种算法中，还有一种用得比较广泛，就是牛顿逼近法，这个算法更加高效。

它用到了迭代，公式为 $X_{i+1} = X_i - (X_i^2 - n)/(2X_i) = (X_i + n/X_i)/2$。有了这个迭代公式，程序编写如下：

```
n=float(input("enter one number:"))
if n>=0:
    y=n/2
    while y**2-n>0.000001 or y**2-n<-0.000001:
        y=(y+n/y)/2
    print(y)
else:
    print("Error: negative number")
```

解释一下上边的代码，初始值取的是 n/2，不是取的 n，因为 n 的平方根不会超过 n/2。并且这个方法不需要单独考虑小于 1 的情况，它通过迭代会收敛到真值。

程序的主体就是 while 循环实现迭代公式，y=(y+n/y)/2。

那么究竟用了多少次迭代呢？笔者试验的结果，计算 10 的平方根，10 位精度下是 5 次。

使用牛顿逼近算法程序更加简洁，效率更高。

这个算法其实是一个推论，它使用函数 $f(x)$ 的泰勒级数的前面几项来寻找方程 $f(x)=0$ 的根。该算法效率高，证明它是平方收敛的，应用广，并不限于求解实数的平方根，相反求解实数的平方根只是其中一个具体的应用而已。

对于求解实数平方根的函数 $f(x)=x^2-n$，其根的迭代公式为：

$$X_{n+1} = X_n - f(X_n)/f'(X_n) = X_n - f(X_n)/2X_n$$

不深究理论，但是从这里可以感受到牛顿的伟大和近代数学的魅力，它帮助人们精确分析时空和运动。

4.1.3 再往前走一步——求阶乘的平方根

这个题目组合了前面两个题目。

可以直接把上面两个题目的程序拼在一起：

```
n=int(input("enter a number:"))
result = 1
while n>1 :
    result = result * n
    n = n - 1
print (result)
n=result
if n>=0:
    y=n/2
    while y**2-n>0.0001 or y**2-n<-0.0001:
        y=(y+n/y)/2
    print(y)
```

```
    else:
        print("Error: negative number")
```

运行结果，输入 10，结果输出：

```
3628800
1904.9409439665096
```

运行结果没有错。

虽然如此，读者心里可能会有疑问：计算机不能把以前写的程序用某种方式复用一下吗？

答案是可以的。很早之前 Ada 就曾提出子过程的概念。可以把一段程序封装成一个单独的子过程，接受输入，计算处理后，输出结果，这个子过程可以被其他程序反复调用。

在 Python 中这样定义子过程的：

```
def functionname(p1,p2,…):
...
```

解释一下上面的代码，def 关键字代表这里要定义一个子过程，后面是子过程的名字，接下来的括号是参数（输入值，数学中叫自变量）说明，后面是子过程代码段。用 return 命令输出结果（数学上叫作因变量）。

按照这个定义，改写阶乘程序（factorial.py）：

```
def factorial(n):
    result = 1
    while n>1 :
        result = result * n
        n = n - 1
    return result
print (factorial(10))
```

程序里先用 def 定义一个叫作 factorial 的子过程，计算后 return result。

使用这个子过程的代码很简单，直接调用 factorial(10)。由于子过程是给人调用的，所以最后提供出来时要把 print()语句删除，否则会往屏幕上输出结果。

同样照此办理，改写牛顿逼近算法程序如下（sqrt.py）：

```
def sqrt(n):
    if n>=0:
        y=n/2
        while y**2-n>0.000001 or y**2-n<-0.000001:
            y=(y+n/y)/2
        return y
    else:
        return -1
print (sqrt(10))
```

测试运行，表明新创建的 sqrt()子过程也是正确的。

注意这个子过程的实现，else 中是 return -1。以前对负数的处理是屏幕输出错误。但是子过程的目的是供其他程序调用，所以子过程自身不要这样处理，返回一个永远不可能的值（-1，不考虑复数），将错误处理交给调用者。

前面调用 exit 退出程序，那个办法不好，到现在可以看到新的处理方法。

现在有了这两个子过程，这个题目就可以直接使用了。

读者大概会这样编写：

```
n=int(input("enter a number:"))
x = factorial(n)
y = sqrt(x)
print(y)
```

运行一下，出错了：

```
NameError: name 'factorial' is not defined
```

计算机不知道这个 factorial()子过程，同理也不知道 sqrt()子过程。

问题出在程序空间，本题的程序不能识别以前的题目编写的程序，为了识别，重用以前的程序，必须使用 import 命令。程序如下：

```
import factorial
import sqrt
n=int(input("enter a number:"))
x = factorial.factorial(n)
y = sqrt.sqrt(x)
print(y)
```

程序开始的两行 import 子过程程序文件 factorial.py 和 sqrt.py，这样把以前编写的程序引入了。调用时不能直接写子过程名字，而是要在前面添加程序文件名，如 factorial.factorial()，表示使用 factorial 这个程序中的 factorial 子过程。

更好的做法是把相关的子过程写在一个程序文件中，作为一个函数包供大家调用。

可以这样提供一个 maths 程序（maths.py）：

```
#this is a mathematics library
#square root function
def sqrt(n):
    if n>=0:
        y=n/2
        while y**2-n>0.000001 or y**2-n<-0.000001:
            y=(y+n/y)/2
        return y
    else:
        return -1

#factorial function
def factorial(n):
    result = 1
```

```
        while n>1 :
            result = result * n
            n = n - 1
        return result
```

利用这个 maths 数学包，把本题的程序改写为：

```
import maths
n=int(input("enter a number:"))
x = maths.factorial(n)
y = maths.sqrt(x)
print(y)
```

有了上面的知识，读者自己也可以编写库了。Python 提供了丰富的库。数学上常用的库都在 math 包中。编程时只要 import math 即可。

4.1.4 Python 常见的库

Python 自带的 math 包中常见的函数如下。

向上取整：

```
>>> math.ceil(4.12)
5
```

向下取整：

```
>>> math.floor(4.9)
4
```

取整数：

```
>>> math.trunc(6.789)
6
```

cos 余弦：

```
>>> math.cos(math.pi/4)
0.7071
```

sin 正弦：

```
>>> math.sin(math.pi/4)
0.70710678
```

tan 正切：

```
>>> math.tan(math.pi/4)
0.99999
```

e 的 x 次方：

```
>>> math.exp(2)
7.389056
```

绝对值：

```
>>> math.fabs(-0.03)
0.03
```

阶乘：

```
>>> math.factorial(4)
24
```

求和：

```
>>> math.fsum((1,2,3,4))
10.0
```

最大公约数：

```
>>> math.gcd(8,6)
2
```

以 a 为底的对数返回：

```
>>> math.log(32,2)
5.0
```

平方根：

```
>>> math.sqrt(100)
10.0
```

后面如果要用到类似的功能，可以直接用 Python 自带的 math 库。

通过库的概念可以看到，如何通过子过程复用和简化问题。实际上，一个大的程序就是仔细分解子程序，然后通过某种结构将子程序组合在一起，进行积木式的程序构建。最微型的子过程，组合成功能大一点的次小子过程，再进一步组合成大一些的子过程，这么一级级分解组合。看起来程序像一台机器，有很多组成部分，每一部分又分成许多部件，每一个部件又由许多零件组成。这样就可以由专门的人负责专门的子过程，大家的工作通过调用的参数和输出关联在一起，这种组织方式叫作“软件工程”。

其实“软件工程”是相当复杂的事情，可以说软件开发是人类有史以来最复杂的工程任务。正是因为这个原因，一个实际的软件产品开发是非常费时费力的，在超期超预算的同时，质量没有保证。*The Mythical Man-Month*（《人月神话》）这本名著也是伟大的技术专家 Brooks 自己项目失败的经验和教训的总结。

一两个天才也许能想出改变历史的点子，然而要实现它，是需要无数人的艰辛和努力的。

4.2 面向对象编程，再来求一求素数

素数，只能被自己和 1 整除，它们是数的骨架，由它们组合可以生成别的数。

它们是人类最着迷的数字，自古就吸引了无数学者、学生。古代的人们就知道素数有无穷多个，这一点被欧几里得所证明。而伟大的数学家欧拉靠心算算出了 $2^{32}-1$ 是一个素数。

4.2.1 捋清思路

下面编程序判断一个数是不是素数。

基本的思路是从 2 开始一个一个计算能否被 n 整除，如果可以被整除，就说明不是素数。其实可以看出不需要计算到 n，因为很明显因子不会大于 $n/2$。再深入思考一下，会发现也不需要判断到 $n/2$，只需要判断到 n 的平方根就可以了。

```
import math
def isprime(n):
    for x in range(2, int(math.sqrt(n))+1):
        if n % x == 0:
            return 0
    return 1
```

上面的程序引用了 Python 自带的 math 库。用到了 math.sqrt()函数。程序的主体是 for 循环，从 2 开始一个个检查到 n 的平方根，只要能被整除就将标志设为 1。注意 range 的上下限，是左闭右开的，所以要给平方根+1。

有了这个判断的方法，列出小于 n 之内的所有素数就比较简单了，示例如下：

```
def primes(x):
for i in range(2,x+1):
    if isprime(i):
        print(i)
primes(100)
```

上面的程序把小于给定的数 x 的所有素数打印输出。这样编写虽然没有什么错，但是一般不建议在函数中打印输出，因为这样其他程序就没有办法重用这个函数了。可以改造一下，用一个数组记录下所有素数，返回给调用程序使用：

```
def primes(x):
    pa = []
    for i in range(2,x):
        if isprime(i):
            pa.append(i)
    return pa
print(primes(100))
```

而有时，并不想存放这么多数据，只是想一个一个拿到这些数据，有没有办法呢？有的，用迭代就可以了，它既可以返回数据，又不需要事先存放那么多数据，而是在循环迭代的过程中拿到数据。

看一下下面的程序：

```
def primes(x):
    for i in range(2,x):
        if isprime(i):
            yield i
```

这个函数中有一个特别的命令 yield，这个命令读者可以理解为 return，把一个素数返回。但是在这种写法下，Python 进行了特殊处理，生成了一个迭代器，可以用迭代器一个一个拿数据。主程序如下：

```
r = primes(100)
while True:
    try:
        print(next(r))
    except StopIteration:
        Break
```

程序第一条语句 r=primes(100)，定义了一个迭代器，然后程序进入无限循环，输出 next(r)，这个函数执行下一个迭代，直到迭代停止。

4.2.2 过程执行

下面来看具体的执行过程，第一次执行 next(r)时，与普通函数一样，执行的是 primes 函数的这条语句 for i in range(2,x)，x 为 100，i=2，符合条件，所以执行循环体中的第一条语句 if isprime(i)，判断为真，执行 yield i，相当于返回了 2。然后回到了主程序。

主程序先输出返回的 2，然后开始下一个循环，所以又一次执行 next(r)，注意了，不是重新调用 primes 函数，而是执行 r 的第二次迭代，也就是说接着上一次的迭代返回点继续执行，所以执行的还是 primes 函数的这条语句 for i in range(2,x)，x 为 100，i=3，符合条件，所以执行循环体里的第一条语句 if isprime(i)，判断为真，执行 yield i，相当于返回了 3。然后回到了主程序。

主程序先输出返回的 3，然后开始下一个循环，所以还是执行 next(r)，执行 r 的第三次迭代，也就是说接着上一次的迭代返回点继续执行，所以还是执行的是 primes 函数的这条语句 for i in range(2,x)，x 为 100，i=4，符合条件，所以执行循环体里的第一条语句 if isprime(i)，判断为假，所以循环回来执行语句 for i in range(2,x)，x 为 100，i=5，符合条件，执行循环体里的第一条语句 if isprime(i)，判断为真，执行 yield i，相当于返回了 5。然后回到了主程序。

这样一直迭代到最后 i 超过 100，迭代出错，停止，这就是语句 except StopIteration 的作用。

还有一种写法，可以让 Python 自动判断，不需要手工处理迭代异常：

```
for i in primes(100):
    print(i)
```

这个 for 语句在 Python 的解释下，执行的其实是迭代 next。

当然，如果读者不习惯使用 yield，其实还有一种不用 yield 的办法实现同样的功能。那就是自己创造一个迭代器，程序如下：

```
class primes(object):
    def __init__(self, n):
        self.n=n
        self.i=1
    def __iter__(self):
        return self
    def __next__(self):
        while self.i<self.n:
```

```
            self.i += 1
            if isprime(self.i):
                return self.i
        raise StopIteration()
```

这段程序中可能有几个读者不熟悉的地方，第一个关键字 class 表示定义一个类，而不是函数，类可以看成一个包，包含了函数和变量，后面对函数和变量的引用都要加上对象的名字。类名后面的 object 是父类的名字，表示定义的 primes 类是继承于 object 的子类。这个类中有三个函数__init__(), __iter__(), __next()__。函数名字也比较奇怪，前后加了__。这表示是 Python 系统规定的名字。顾名思义，init 是类初始化的函数，iter 是一个协议规定，必须有这样一个函数才能叫迭代器，next 表示迭代程序执行体。

调用程序还是没有变化：

```
r = primes(100)
while True:
    try:
        print(r.next())
    except StopIteration:
        break
```

或者仍然使用 Python 的 for 循环：

```
r=primes(100)
for i in r:
    print(i)
```

对于这个主程序，r=primes(100)手工创建了一个可迭代的对象。100 作为参数自动传给__init__函数，对象就记录下 self.n 这个值为 100 了，循环数 self.i 初始化为 1。

for 循环进行迭代，每次都会执行__next__()，只要 self.i<self.n 就把循环数 self.i 加 1，然后判断是不是素数，如果是就返回。主程序的 for 循环进行第二次迭代时，还是执行对象的__next__()，这时对象没变，记录的是上一次的值。这相当于 yield。从代码的简短来讲，yield 更有优势，从程序结构来讲，iterator 更好一些。

到此，已经接触到了 Python 的面向对象编程。

▷▷▷ 4.2.3　验证哥德巴赫猜想

哥德巴赫猜想也是关于素数的，一个大偶数（>=6）可以表示为两个素数之和。这个猜想一直是一个猜想，没有得到完全证明，中国数学家陈景润证明了 1+2。

其实可以编写一个程序来验证哥德巴赫猜想。可以利用计算机通过暴力枚举求解。程序如下：

```
x=100
#list all prime numbers less than x
pa = []
for i in range(2,x):
    if isPrime(i):
        pa.append(i)
```

```
print(pa)

#add each number pair
j=0
while j<len(pa) :
    k = j
    while k<len(pa):
        if pa[j]+pa[k]==x:
            print(x,pa[j],pa[k])
        k += 1
    j += 1
```

程序先把小于给定 x 的所有素数求出来，放到一个 pa 数组中。pa.append(i)语句的作用是往 pa 数组中添加一个新元素 i。得出这个数组后，就两两组合，看这些数是不是相加等于 x。核心就是两重循环，第一个循环定下第一个值，即从数组中逐个读取每一个值 pa[j]；第二个循环是定下第二个值，即读取第一个值之后的每一个值，然后相加检查。

对 100，程序运行结果如下：

```
[2, 3, 5, 7, 11, 13, 17, 19, 23, 29, 31, 37, 41, 43, 47, 53, 59, 61, 67, 71, 73, 79, 83, 89, 97]
100 3 97
100 11 89
100 17 83
100 29 71
100 41 59
100 47 53
```

成对的素数也有无穷多个，有一个有名的数学猜想是“孪生素数猜想”，即相差为 2 的素数对有无穷多个。2013 年，张益唐博士证明了有界素数对问题，突破百年僵局，接近解决这个猜想。

编写一段程序列出孪生素数：

```
x=100
#list all prime numbers less than x
pa = []
for i in range(2,x):
    if isPrime(i):
        pa.append(i)
print(pa)

#twins
j=0
k=j+1
while j<len(pa)-1 :
    if pa[k]-pa[j]==2:
        print(pa[j],pa[k])
    j += 1
    k = j+1
```

4.2.4 验证与证明

从上面的这些例子可以看出，证明一个定理和验证一个定理是完全不同的事情。验证一个结论可能很简单，但是严格证明却是非常困难的。同时也看到了，验证再多的数都不能证明猜想，因为数是无穷多的。

素数的分布问题从古到今就被世人所热衷，一直是数论中最重要、最中心的问题。

从素数表可以看出：在 1～100 中间有 25 个素数，在 1～1000 中间有 168 个素数，在 1000～2000 中间有 135 个素数，在 2000～3000 中间有 127 个素数，在 3000～4000 中间有 120 个素数，在 4000～5000 中间有 119 个素数，在 5000～10000 中间有 560 个素数。由此可看出，素数的分布越往上越稀少。

通过计算和初步研究发现，素数分布是以黎曼公式为中心，高斯公式为上限的正态分布。但是始终没有被证明。黎曼发现了素数分布的奥秘完全蕴藏在一个特殊的函数之中，尤其是使那个函数取值为零的一系列特殊的点对素数分布的细致规律有着决定性的影响。

素数的定义简单得可以在小学课上进行讲授，但它们的分布却非常奥妙，数学家们付出了极大的心力，却迄今仍未能彻底了解。

4.3 递归，还记得斐波那契数列吗？

4.3.1 斐波那契数列

斐波那契（Fibonacci）数列最早来源于兔子繁殖问题，大约在 800 年前由 Fibonacci 引入（他的另一大贡献是引入了阿拉伯数字）。说的是假定兔子在出生两个月后，就有繁殖能力，一对兔子每个月能生出一对小兔子。如果所有兔子都成活，那么一年以后可以繁殖多少对兔子？

一对新生的兔子，看一下是如何繁殖的。

第 1 个月兔子没有繁殖能力，所以还是 1 对。

第 2 个月兔子还是没有繁殖能力，所以还是 1 对。

第 3 个月兔子生下一对小兔，有了两对。

第 4 个月兔子又生下一对小兔，有了 3 对。

第 5 个月兔子又生下一对小兔，第 3 个月生下来的小兔长大了也生了新一代小兔，所以有了 5 对。

...

写成数列为 1，1，2，3，5，…

从这个数列，可以得出结论，从第 3 项开始，每一项都是前两项之和。$F_n=F_{n-1}+F_{n-2}$。可以用递推的方法编写一个程序计算一下：

```
n=10
a = 1
b = 1
for i in range(3,n+1):
    c = a + b
```

```
        a=b
        b=c
```

程序很简单，如果计算某位的数字，从头开始循环，一直累加下去。也可以看出来，这个程序，循环次数是 $O(n)$。

有没有办法能不经过循环，直接求出值来？有的，可以使用如下通项公式：

$$1/\sqrt{5}\left[\left(\frac{1+\sqrt{5}}{2}\right)^n-\left(\frac{1-\sqrt{5}}{2}\right)^n\right]$$

用无理数表示自然数，这是一个范例。

Fibonacci 数列有一个很美的性质，就是它的通项比越来越接近于黄金分割比 0.618。这个是观测的结果，也是通过极限证明的结果。

$$X_n=F_{n+1}/F_n=(F_n+F_{n-1})/F_n=1+F_{n-1}/F_n=1+1/X_{n-1}$$

求极限，得到 $x=1+1/x$。解出值为$(\sqrt{5}-1)/2$，这就是黄金分割值。因此美学上也会经常提及斐波那契（Fibonacci）数列。

4.3.2 生活中的斐波那契数列

现实世界中会经常碰到斐波那契数列，比如花瓣的数量，兰花有 3 枚花瓣，毛茛属中有的植物有 5 枚花瓣，翠雀属中有的植物有 8 枚花瓣，万寿菊属中有的植物有 13 枚花瓣，向日葵的花瓣有的是 21 枚，有的是 34 枚，雏菊的花瓣是 34、55 或 89 枚；树木的生长，新的一枝从叶腋长出，而另外的新枝又从旧枝长出来，枝条的数目就是斐波那契（Fibonacci）数列。这是生物学上的鲁德维格定律。

斐波那契数列前几项的平方和可以看作不同大小的正方形，由于斐波那契的递推公式，它们可以拼成一个大的矩形。于是有了下面迷人的鹦鹉螺螺旋图案。

还有很多场景会用到斐波那契数列。

比如走楼梯的问题，即一次只能走一级楼梯或者两级楼梯，走上 20 级的楼梯，一共有多少种走法。

这个问题与兔子繁殖问题初看起来没什么相同，但是仔细分析一下。因为一次只能走一级楼梯或者两级楼梯，所以站在 20 级楼梯时，必定是从第 18 级或者第 19 级走过来的，而站在 19 级楼梯时，必定是从第 18 级或者第 17 级走过来的，这样一步一步推，得到的就是这个公式：$F_n=F_{n-1}+F_{n-2}$。与兔子繁殖问题是一样的。

那么有没有可能按照这个结构编写程序呢？有的。程序如下：

```
def fib(n):
    if n == 1:
        return 1
```

```
    if n == 2:
        return 1
    return fib(n-1)+fib(n-2)
```

下面来看这个函数的定义，fib(n)的返回值是 fib(n−1)+fib(n−2)。概念上很清晰，但是如果只有这一句就陷入死循环中无法出来了，所以当 n 为 1 和 2 时，需要给它规定一个值。测试一下，结果是正确的。

现在程序结构就和数学表达式很接近了，直觉上更容易理解。这就是递归的实现。

4.3.3 用递归重写阶乘

用递归的思想还可以重写前面的阶乘。

```
def factorial(n):
    if n == 1:
        return 1
    else:
        return n*factorial(n-1)
```

这个程序更加简单一点，一步步看这个程序如何执行 factorial(4)。

第一回合，执行 factorial(4)，计算机会开辟一片栈空间，保存这次调用的上下文，记住了 n=4。执行 else 指令，去计算 n*factorial(n−1)，也就是 4* factorial(3)。执行中断，调用 factorial(3)，进入第二回合。

第二回合，执行 factorial(3)，计算机会开辟一片新的栈空间，保存这次调用的上下文，记住了 n=3。执行 else 指令，去计算 n*factorial(n−1)，也就是 3* factorial(2)。执行中断，调用 factorial(2)，进入第三回合。

第三回合，执行 factorial(2)，计算机还是会开辟一片新的栈空间，保存这次调用的上下文，记住了 n=2。执行 else 指令，去计算 n*factorial(n−1)，也就是 2* factorial(1)。执行中断，调用 factorial(1)，进入第四回合。

第四回合，执行 factorial(1)，计算机仍然还是会开辟一片新的栈空间，保存这次调用的上下文，记住了 n=1。执行 if 指令，return 1。释放本回合的栈空间，带着返回值 1 回到第三回合。

继续执行第三回合的中断点：2* factorial(1)，即执行 2*1，然后返回。释放本回合的栈空间，带着返回值 2 回到第二回合。

继续执行第二回合的中断点：3* factorial(2)，即执行 3*2，然后返回。释放本回合的栈空间，带着返回值 6 回到第一回合。

继续执行第一回合的中断点：4* factorial(3)，即执行 4*6，然后返回。释放本回合的栈空间，带着返回值 24 返回给客户。

递归程序的好处是结构简单，接近数学公式。

再来看一个使用递归的例子，求最大共约数：

```
def gcd(a, b):
    if a < b:
        a, b = b, a
```

```
        if b == 0:
            return a
        while b != 0:
            a,b = b,a%b
        return a
```

用的辗转相除法。注意一个新的写法 a, b = b, a，这是把以前 b 的值赋给 a，把以前 a 的值赋给 b，相当于交换。同样 a,b = b,a%b，这是把以前 b 的值赋给 a，把以前 a%b 的值赋给 b。

用到递归后，程序变成：

```
    def gcd(a, b):
        if a < b:
            a, b = b, a
        if b == 0:
            return a
        a,b = b,a%b
        return gcd(a,b)
```

递归的缺点是性能低，占用栈空间多，甚至会溢出出错（自己测试一下，尝试一个大的数，如 10000，会出现 RecursionError: maximum recursion depth exceeded in comparison 的错误）。对斐波那契数列，递归实现的性能为 $O(1.618*n)$。

4.4 深入递归，汉诺塔问题

4.4.1 汉诺塔传说

印度有个古老传说：在贝拿勒斯的神庙中，一块黄铜板上插着三根宝石针。其中一根针上有由大到小的 64 片金片，这就是汉诺塔 hanoi。不论白天还是黑夜，一群沉默的僧侣在移动这些金片：一次只移动一片，不管在哪根针上，小片必须在大片上面。僧侣们预言，当所有的金片都从原来那根针上移到另外一根针上时，世界就将在一声霹雳中消失。

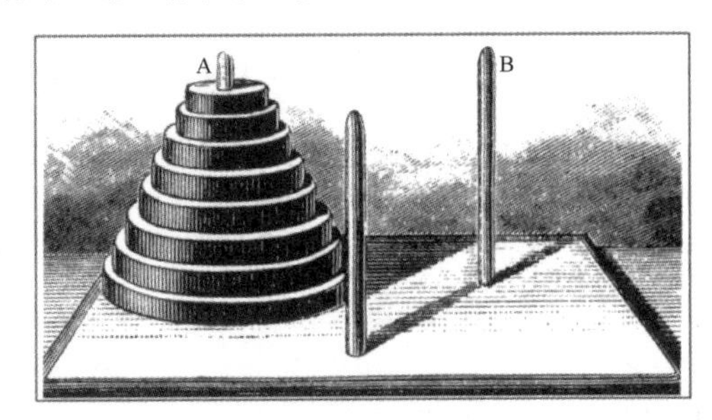

汉诺塔模型如上图所示，问题化成将 A 中的盘片最后转移到 B 中，可以借助中间一根柱子。

如果上来就直接移动盘片，最终会无解，因为太烦琐了。碰到这种问题，一般是简化。

最简化的是假设只有一个盘片，那太容易了，直接移到 B。

次简化的，假设有两个盘片，那就把第一个小盘片移到中间的柱子，然后把底下的大盘片移到 B，再之后把小盘片从中间移到 B。

进一步，假设有 3 个盘片，步骤 1 是把第一个小盘片移到 B，然后步骤 2 把第 2 个盘片移到中间，再之后步骤 3 把 B 上的小盘片移到中间，这样上面的两个盘片整体移到中间柱子了，所以步骤 4 就是把 A 剩下的底下那个大盘片移到 B，步骤 5 就是把中间柱子最上面的小盘片移到 A，步骤 6 把中间柱子下面的盘片移到 B，步骤 7 把 A 的小盘片移到 B。如下图所示。

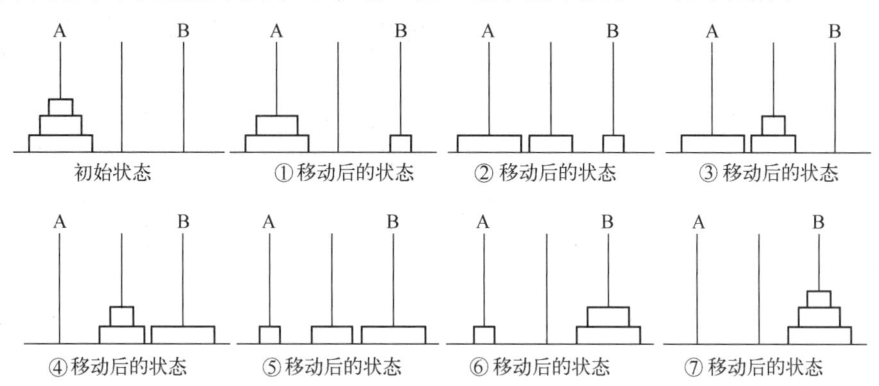

仔细看上面的步骤，会发现一个关键点，对 3 个盘片来讲，要先想方设法让上面的两个整体移到中间柱子，剩下的大盘片就直接移到最后的目标了。

推广这个结论，对 N 个盘片，任务就变成了先将 $N-1$ 个盘片整体移到中间柱子，然后就好办了，直接移动底下最大的那个。接下来的任务就是同样的了，不同之处在于少了一个盘片。这样一步步处理剩下的 $N-1$，然后 $N-2$，以此类推。

4.4.2 塔也是递归，递归也是树

上一小节中的思路就是递归的思路。n 个盘片，三根柱子，先把 $n-1$ 个盘片整体从柱子 1 移到柱子 2，再把底下的第 n 个盘片从柱子 1 移到柱子 3，最后再把 $n-1$ 个盘片整体从柱子 2 移到柱子 3。程序实现如下：

```
def hanoi(n,a,b,c):
    if n == 1:
        print(n,a,c)
        return
    hanoi(n-1,a,c,b)
    print(n,a,c)
    hanoi(n-1,b,a,c)

print(hanoi(3,1,2,3))
```

解读一下上述代码。一步步跟踪。

第一层，hanoi(3,1,2,3)，执行 hanoi(n−1,a,c,b)语句即 hanoi(2,1,3,2)，递归进去，进入第二层。

第二层，hanoi(2,1,3,2)，执行 hanoi(n−1,a,c,b)语句即 hanoi(1,1,2,3)，递归进去，进入第三层。

第三层，hanoi(1,1,2,3)，执行 print(n,a,c)语句即 print(1,1,3)，返回到第二层。

继续第二层，执行 print(n,a,c)语句即 print(2,1,2)，再执行 hanoi(n−1,b,a,c)语句即 hanoi(1,3,1,2)，递归进去，再次进入第三层。

第三层，hanoi(1,3,1,2)，执行 print(n,a,c)语句即 print(1,3,2)，返回到第二层。

第二层语句都执行完了，返回第一层。

继续第一层，执行 print(n,a,c)语句即 print(3,1,3)，再执行 hanoi(n−1,b,a,c)语句即 hanoi(2,2,1,3)，递归进去，再次进入第二层。

第二层，hanoi(2,2,1,3)，执行 hanoi(n−1,a,c,b)语句即 hanoi(1,2,3,1)，递归进去，进入第三层。

第三层，hanoi(1,2,3,1)，执行 print(n,a,c)语句即 print(1,2,1)，返回到第二层。

继续第二层，hanoi(2,2,1,3)，执行 print(n,a,c)语句即执行 print(2,2,3)，再执行 hanoi(n−1,b,a,c)即 hanoi(1,1,2,3)，递归进去，进入第三层。

第三层，hanoi(1,1,2,3)，执行 print(n,a,c)语句即 print(1,1,3)，返回到第二层。

第二层语句执行完毕，返回第一层。

第一层语句也执行完毕，程序结束。

最后输出结果：

```
1 1 3
2 1 2
1 3 2
3 1 3
1 2 1
2 2 3
1 1 3
```

上面的调用过程可以用一个图直观展示：

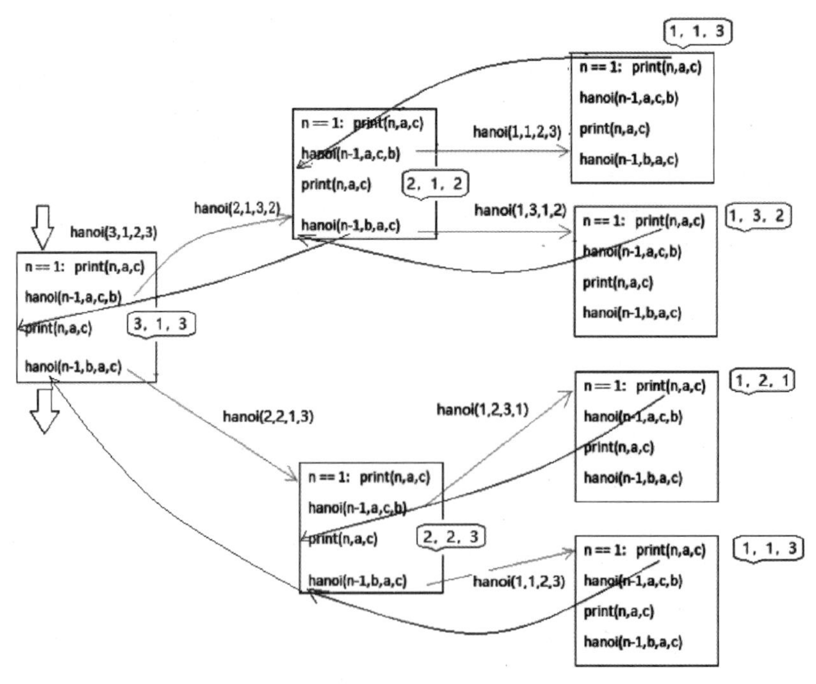

从这个图可以看到，递归的调用过程是一棵树，逐层展开的逐层返回。对递归的详细介绍到此为止，后面不这么一步步跟踪了。读者要熟悉这个过程。

下面来计算一下，N 片要移动多少次？从上面的代码可以看到，$f(k+1)=2*f(k)+1$，不难证明 $f(n)=2^n-1$。从调用的图示也可以看出来，第一层有一次，第二层有两次，第三层有四次。

按照传说，汉诺塔上有 64 个盘片，所以一共要移动的次数为 $f(64)=2^{64}-1=18446744073709551615$。

如果这些僧侣一秒钟移动一次，大约要花 584554049253.855 年，也就是说需要 5845 亿年以上，而地球存在不过 45 亿年，太阳系的预期寿命据说也就是数百亿年。汉诺塔搬完时，人们熟悉的一切估计都已经不存在了。

所以传说当僧侣们搬完这些金片的时候，这世界就会消失，或许没有错。

4.5 Python 解方程

4.5.1 二次方程

二次方程 $ax^2+bx+c=0$ 的解法，有一个求根公式直接得出。

但是古人却是花了很长时间才搞明白的。最早的记录在公元前两千年左右的苏美尔文化中。古埃及的纸草文书中也涉及最简单的二次方程。中国两千年前《九章算术》中也有一个问题是用到二次方程的。不过古人对数域的观点比较保守，一概不承认负根。

现代书写格式的求根公式为 $x=\frac{-b\pm\sqrt{b^2-4ac}}{2a}$，这个求根公式的推导过程为：

$$ax^2+bx+c=0(a\neq 0)$$

约分：

$$x^2+\frac{b}{a}x+\frac{c}{a}=0$$

配方：

$$x^2+2\times x\times\frac{b}{2a}+\left(\frac{b}{2a}\right)^2=-\frac{c}{a}+\left(\frac{b}{2a}\right)^2$$

$$\left(x+\frac{b}{2a}\right)^2=\frac{b^2}{4a^2}-\frac{c}{a}$$

通分：

$$\left(x+\frac{b}{2a}\right)^2=\frac{b^2-4ac}{4a^2}$$

开平方：

$$x+\frac{b}{2a}=\pm\sqrt{\frac{b^2-4ac}{4a^2}}$$

$$x=\frac{-b\pm\sqrt{b^2-4ac}}{2a}$$

有了公式，又有开平方的函数，求解二次方程的程序是不难做出来的：

```
import math

print("This is a Quadratic equations solver.")
print("The equation should look like: ax^2 + bx + c = 0 where x in unknown.")
```

```
s=input("Enter the value of a,b and c seperated by commas:")
sarray=s.split(",")
a=int(sarray[0])
b=int(sarray[1])
c=int(sarray[2])
d = b**2-4*a*c #discriminent

if d<0:
    print("The equation has no solution.")
elif d==0:
    x = (-b+(math.sqrt(d)))/(2*a)
    print("This equation has 1 solution:",x)
else:
    x1 = (-b+(math.sqrt(d)))/(2*a)
    x2 = (-b-(math.sqrt(d)))/(2*a)
print("This equation has 2 solutions:",x1,x2)
```

程序不难，简单解释一下。

sarray=s.split(",")，这个语句把以“,”分开的串分解成数组，如输入 1,2,3，则分解成数组[1,2,3]三个元素（字符类型的处理后面会专门讲到）。然后计算判别式，最后套公式求根。

当判别式 b**2-4*a*c<0 时，报出无解，所以这个程序无法计算复数。

上面的方法是读者比较熟悉的，但这个求根公式不容易推导。

还有一种方法，以更好理解的方式得出求根公式。简述如下。

对方程 $ax^2+bx+c=0$，假定它的两个根是 R 和 S，则方程能变换成$(x-R)(x-S)=0$，展开为 $x^2-(R+S)x+RS=0$，再把原方程转换为 $x^2+(b/a)x+c/a=0$，比较两个方程得出：

$R+S=-b/a$

$R*S=c/a$

这不就是韦达定理吗？是的，继续往下看。

根据上面的结果 $R+S=-b/a$，可以看到 R 和 S 的平均值为$-b/2a$，那么可以变换成：

$R=-b/2a+Z$

$S=-b/2a-Z$

求出这个 Z 就等于求出两个根了。运用 $R*S=c/a$，变换成：

$(-b/2a+Z)*(-b/2a-Z)=c/a$，即

$b^2/4a^2-Z^2=c/a$，即

$Z^2=b^2/4a^2-c/a$

开平方根：

Z= sqrt($b^2/4a^2-c/a$)，带入前面的公式得出：

R=$-b/2a$+sqrt($b^2/4a^2-c/a$)=($-b$+sqrt(b^2-4ac))/2a

S=$-b/2a$-sqrt($b^2/4a^2-c/a$)=($-b$-sqrt(b^2-4ac))/2a

这个解题思路清晰多了。

4.5.2 高次方程

比起二次方程来，三次方程复杂很多，四次方程就更复杂了，而更高次的方程压根儿不存在通用解（挪威数学家阿贝尔于 1824 年证明）。后来，法国天才伽罗华利用他创造的“群论”解决了 n 次方程有没有求根公式的问题。

古代数学家在学会解一元二次方程之后，都努力尝试去解一元三次方程，虽然这些数学家都发现了几种解一元三次方程的方法，但仅仅是能够解一些特殊形式的一元三次方程，并不适用于一般形式的一元三次方程。

中国南宋大数学家秦九韶在他 1247 年编写的《数书九章》一书中提出了一元三次方程的解法“正负开方术”，后称为“秦九韶算法”。

1545 年，意大利人卡尔丹诺（Cardano，1501-1576）在《大术》中给出了一元三次方程的求根公式，人们就将这个公式称为卡尔丹诺公式。

现在书写的通用求根公式为：

$$\begin{cases} x_1 = \sqrt[3]{-\frac{q}{2}+\sqrt{\left(\frac{q}{2}\right)^2+\left(\frac{p}{3}\right)^3}} + \sqrt[3]{-\frac{q}{2}-\sqrt{\left(\frac{q}{2}\right)^2+\left(\frac{p}{3}\right)^3}} \\ x_2 = \omega\sqrt[3]{-\frac{q}{2}+\sqrt{\left(\frac{q}{2}\right)^2+\left(\frac{p}{3}\right)^3}} + \omega^2\sqrt[3]{-\frac{q}{2}-\sqrt{\left(\frac{q}{2}\right)^2+\left(\frac{p}{3}\right)^3}} \\ x_3 = \omega^2\sqrt[3]{-\frac{q}{2}+\sqrt{\left(\frac{q}{2}\right)^2+\left(\frac{p}{3}\right)^3}} + \omega\sqrt[3]{-\frac{q}{2}-\sqrt{\left(\frac{q}{2}\right)^2+\left(\frac{p}{3}\right)^3}} \end{cases}$$

其中：

$$\omega = \frac{-1+\mathrm{i}\sqrt{3}}{2}$$

有了这个公式，程序不难编写。再介绍另一种算法，就是利用牛顿逼近法来求三次方程的一个根。

对于三次方程通用式 $ax^3+bx^2+cx+d=0$，用牛顿迭代公式：

$x_{n+1} = x_n - \frac{f(x_n)}{f'(x_n)}$，其中 $f'(x) = 3ax^2 + 2bx + c$，所以得到计算公式：

$$x_{n+1} = x_n - \frac{ax_n^3 + bx_n^2 + cx_n + d}{3ax_n + 2bx_n + c}$$

程序如下：

```
def cubicsolver(a, b, c, d):
    delta = 0.000001
    x0 = 0.001
    xn = x0 - ((a*x0**3 + b*x0**2 + c*x0 + d) / (3*a*x0**2 + 2*b*x0 + c))
    while abs(xn - x0) > delta:
        x0 = xn
        xn = x0 - ((a*x0**3 + b*x0**2 + c*x0 + d) / (3*a*x0**2 + 2*b*x0 + c))
    return xn
print(cubicsolver(1,2,3,4))
```

有了更高阶的知识和更宽广的视野后，会发现很多具体的问题其实都可以看成更高抽象的具体应用。

▷▷▷ 4.5.3 Python 解同余方程

同余的意思即 a 和 b 整除 m 后的余数相同，这个概念由高斯在《算术研究》中引入，是数论的重要基础。

一次同余问题自古就有研究。《孙子算经》中的“孙子定理”（又称中国剩余定理）和秦九韶《数书九章》中的“大衍求一术”提到了解法。古希腊的欧几里得和丢番图，分别在其著作《几何原本》和《算术》中有相关问题的介绍。

现在中学生都开始学习编程了，也有青少年的编程竞赛，经常会考到方程的解法。下面看一道全国编程竞赛的题目：求关于 x 的同余方程 $ax\equiv 1(\mathrm{mod}\ b)$ 的最小正整数解。输入 a 和 b，输出 x。

分析一下，把同余记为 $a\equiv b(\mathrm{mod}\ m)$。由同余式 $ax\equiv b(\mathrm{mod}\ n)$ 定义，$ax=n*y1+p$, $b=n*y2+p$，两个公式相减，得到 $ax+ny=b$，所以求解 $ax\equiv 1(\mathrm{mod}\ b)$ 相当于求解不定方程 $ax+by=1$。

得出这个不定方程，就比较容易了。因为有个扩展欧几里得算法能计算 $ax+by=\gcd(a,b)$。

算法是先找到一个特解。比如对 $56x+21y=7$，如何找到它的特解呢？其实还是不容易的，因为此处 56 和 21 这两个数太大了，无法直接看出结果。可以变化一下，还是用到 gcd 的方法，一步步计算，第一遍 56%21=14，得到新的数字对 21、14，第二遍 21%14=7，再得到新的数字对 14、7，第三遍 14%7=0，得到最后的数字对 7、0。按照最后的数字对改写方程为 $7x+0y=7$，很容易得到解 $x=1$，$y=0$。也就是最后化简为 1、0、7。

接下来就要看如何通过 $7x+0y=7$ 的特解（1，0）反推出 $56x+21y=7$ 的特解。

两遍之间的关系如下。

前一遍 $a1*x1+b1*y1=\gcd(a1,b1)$。

后一遍 $a2*x2+b2*y2=\gcd(a2,b2)$。

明显的是两个式子的 gcd()是相同的，而计算过程中 $a2=b1$，$b2=a1\%b1$，所以：

$$a1*x1+b1*y1=a2*x2+b2*y2=b1*x2+(a1\%b1)*y2$$

因为 $(a1\%b1)=a1-(a1/b1)*b1$，所以再变换为：

$$\begin{aligned}a1*x1+b1*y1&=b1*x2+(a1-(a1/b1)*b1)*y2\\&=a1*y2+b1*x2-((a1/b1)*b1)y2\\&=a1*y2+b1*(x2-(a1/b1)y2)\end{aligned}$$

比较等式两边得出：$x1=y2\quad y1=x2-(a1/b1)y2$

这样就由后一遍的解反推出了前一遍的解。

下面来写一段求特解的程序：

```
def exgcd(a, b):
    if b == 0:
        return 1,0
    x2, y2 = exgcd(b, a % b)
    x1 = y2
```

```
        y1 = x2 - int(math.floor(a / b)) * y2

        print(a,b,x1,y1)
        return x1, y1
    print(exgcd(56,21))
```

程序运行结果为：

```
14 7 0 1
21 14 1 -1
56 21 -1 3
(-1, 3)
```

这样有了一个特解 $x=-1, y=3$。

这段程序要好好读一下。x2, y2 = exgcd(b, a % b)，它是函数调用，并且返回两个返回值。这是 Python 比较特别的地方。

这段程序也是用到了递归，一步步来看。

开始第一个回合，参数是 a=56，b=21，执行到 x2, y2=exgcd(b, a % b)，即调用 exgcd(21,14)，进入第二回合。

开始第二个回合，参数是 a=21，b=14，执行到 x2, y2=exgcd(b, a % b)，即调用 exgcd(14,7)，进入第三回合。

开始第三个回合，参数是 a=14，b=7，执行到 x2, y2=exgcd(b, a % b)，即调用 exgcd(7,0)，进入第四回合。

开始第四个回合，参数是 a=7，b=0，执行 return 1,0，这实际上是最里面那层的解，递归终结，返回第三个回合。

继续执行第三个回合的中断点，拿到第四个回合的返回值，此时 x2=1, y2=0。接着执行 x1=y2 和 y1=x2-int(math.floor(a/b)) * y2，得到本层的解 x1=0，y1=1，然后 return x1, y1，结束本层，返回第二个回合。

继续执行第二个回合的中断点，拿到第三个回合的返回值，此时 x2=0, y2=1。接着执行 x1=y2 和 y1=x2-int(math.floor(a/b)) * y2，得到本层的解 x1=1，y1=-1，然后 return x1, y1，结束本层，返回第一个回合。

继续执行第一个回合的中断点，拿到第二个回合的返回值，此时 x2=1, y2=-1。接着执行 x1=y2 和 y1=x2-int(math.floor(a/b)) * y2，得到本层的解 x1=-1，y1=3，然后 return x1, y1，结束本层，全部结束了。

至此，整个递归结束，就得到了最后的值-1,3。

最后，再看如何从特解得到通解。

假设有了特解 X0,Y0，求通解 X,Y。由于已经满足 $a\mathrm{X0}+b\mathrm{Y0}=c$，两个未知数若一个增大，则另一个一定按比例减小，才会满足等式，得出如下关系式：

$$a(\mathrm{X0}+nb)+b(\mathrm{Y0}-na)=c$$

X 每变化 b 的整数倍，Y 就反向变化 a 的同等倍数。

这时会发现一个问题，a、b 不一定是最小的步长，可能会遗漏许多解。

为了求得最小步长，应该对 a、b 同时除以某个整数，使得商也是整数，就求出了每次最小的变化量。这里应除以 gcd(a,b)。

所以，通解是：

X0+*nb/gcd(*a*,*b*)**

Y0−*na/gcd(*a*,*b*)**

n 取所有整数，就得到了所有解。

实际题目中，要求的是得到最小正整数解，所以处理一下就可以了：

```
def indefinite(a,b):
    X,Y = exgcd(a,b) #得到特解

    n=0
    if X<0: #特解<0
        while X<0: #一步步增大
            n+=1
            X=X+n*b/gcd(a,b)
            Y=Y-n*a/gcd(a,b)
        return X
    else: #特解>0
        while X>0: #一步步减小
            n+=1
            if X-n*b/gcd(a,b)>0:
X=X-n*b/gcd(a,b)
                Y=Y+n*a/gcd(a,b)
else:
break;
        return X
```

这个题目对于中学生竞赛，还是比较难的。这也体现了中国青少年编程方面的高水准。

4.6 Python 用刘徽割圆术求面积

4.6.1 刘徽割圆术求面积

计算面积是古老的问题，数千年前人们就在丈量土地。自然，三角形、矩形、梯形的面积还是比较好计算的。难的是不规则的形状，比如圆形、椭圆形、扇形、双曲线形，还有随意图形。

尼罗河每年泛滥一次，洪水带来了肥沃的淤泥，也抹去了土地之间的界限，人们需要重新丈量土地。4000 多年前古埃及人建造的胡夫金字塔其底座是一个大的正方形，整个金字塔的角度很准确，说明当时的测量水平已经比较高了。《九章算术》的第一章“方田”就是讲如何计算土地面积，介绍了规则几何形状的面积计算。

下面来看典型的圆面积的计算。圆形是完美的形状，古埃及人认为圆是神赐予人的神圣图形。

但是如何计算出圆形的面积呢？基本思路是用方形和多边形去切割圆，边越多得到的值就越准确。方形的面积比较容易计算，所以一开始人们想化圆为方，2000 多年中，人们使用手上的尺规用尽了各种方法，直到 19 世纪时，人们才证明不可能化圆为方。

《九章算术》在第一章中写到“半周半径相乘得积步”，这个公式是正确的，但是没有推理。第一个推理得出圆面积是πR^2 的人是开普勒（发现了行星运动三大定律的德国天文学家，人称“天空立法者”）。他的方法承袭了古印度人的做法，像切西瓜一样切成很多块，然后对插拼成一个矩形，他的做法在古印度人基础上往前进了一步，他直接把圆切成了无限多块（两边无限靠近的三角形）。就拼成了这样一个矩形。

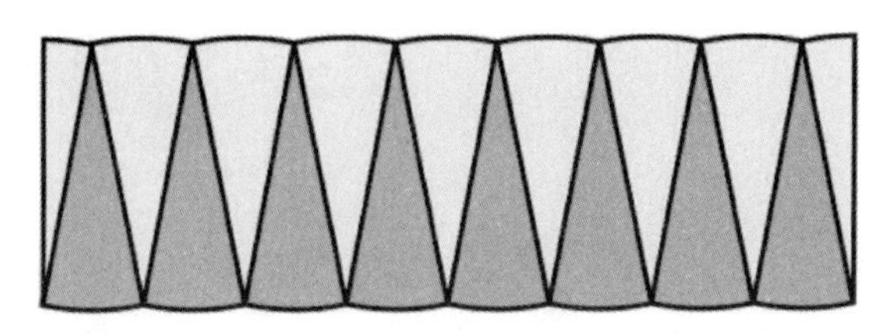

可以算出长度为πR，高度为 R，所以面积等于πR^2。但那个时候无限的概念还不能被很好地掌握，掌握极限的概念后，这些才成为坚实的知识。

现在用刘徽的“割圆术”来计算一下圆面积。用“割圆术”从圆内接正六边形开始割圆，依次得正 12 边形、正 24 边形…，割得越细，正多边形面积和圆面积之差越小。刘徽曾说“割之弥细，所失弥少，割之又割，以至于不可割，则与圆周合体而无所失矣”。刘徽的“割圆术”不仅仅计算出了比较精确的圆周率，还提出了极限逼近的思想，算得上是中国古代数学从算到理的一个例证。

在刘徽那个时代，人们已经知道了圆的面积公式，“半周半径相乘得积步”，用现在的公式表示就是 $1/2\times L\times 1/2\times D=1/2\times 2\pi R\times 1/2\times 2\times R=\pi R^2$。所以问题就转化成了如何得出周长 L。

下面看看割圆术如何一步步得到精确的周长，这里面用到了另一个伟大的定理：勾股定理，也叫作毕达哥拉斯定理，如下图所示。

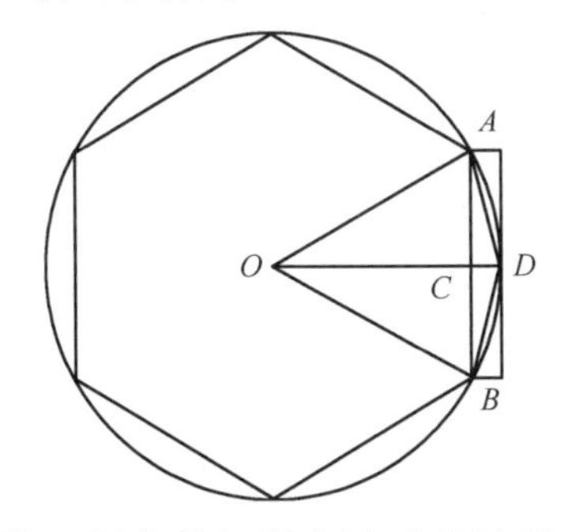

先从圆的内切正六边形开始，很容易知道六边形的边长 L 就是圆的半径 R（图中为边 AB），明显的是正六边形的面积小于圆的面积。开始下一步，在边 AB 的中间找到圆的顶点 D，割出一个三角形 ABD，那么 $OAB+ABD$ 组成的图形就更接近于圆了。接着可以开始再下一步，在边 AD 的中间找到圆的顶点 E，割出一个三角形 ADE，一直循环下去，一步步逼近。

计算一下，每一步与下一步之间是什么关系。设半径为 R，边长 AB 为 L，D 为中间顶点，OD 与 AB 相交于 C，于是 $AC=L/2$，根据勾股定理，$OC=\sqrt{(R^2-(L/2)^2)}$，$DC=R-\sqrt{(R^2-(L/2)^2)}$，再根据勾股定理，$AD=\sqrt{(AC^2+DC^2)}$，即：

$$L_{2n}=\sqrt{\left(\frac{L_n}{2}\right)^2+\left[R-\sqrt{R^2-\left(\frac{L_n}{2}\right)^2}\,\right]^2}$$

有了这个递推公式，就可以精确计算了。

4.6.2 进入递推，交给 Python

因为初始第一步是正六边形，这时 $L=R$，所以下一步是正 12 边形，计算起来不难。程序如下：

```
import math

def sidelen(r,n):
    L=r
    for i in range(1,n):
        D=math.sqrt(r**2-(L/2)**2)
        delta = r-D
        L=math.sqrt((L/2)**2+delta**2)
    return L

def cyclotomic(n):
    r=1
    circumference = sidelen(r,n)*6*(2**(n-1))
    return 1/2*circumference*r

n=1
while n<=10:
    print(6*(2**(n-1)),cyclotomic(n))
    n+=1
```

程序中的 sidelen 函数是计算第 n 次的正多边形的边长，如 n=1，就是计算六边形边长，如果 n=2，就是计算 12 边形边长，cyclotomic 函数用来计算这个正多边形的面积，公式是半周长乘半径（《九章算术》中的公式）。

对圆切割 10 次，瞬间算出结果如下：

```
6 3.0
12 3.105828541230249
24 3.1326286132812378
48 3.1393502030468667
96 3.14103195089051
192 3.1414524722854624
384 3.141557607911858
768 3.1415838921483186
1536 3.1415904632280505
```

```
3072 3.1415921059992717
```

从运行结果看到了刘徽的结论“割之弥细，所失弥少”，当内切多边形到了 3072 条边时得到的值为 3.141592…。同时也看到了古人说的“径一周三”的说法其实是正六边形的情形。

刘徽当年手工计算出了 3072 条边的值，而祖冲之算出的 3.1415926 则要超过一万条边才行。真的是不容易啊。人类一点一滴的进步都是前人用汗水和心力浇灌出来的。中国文化讲“慎终追远，民德归厚”，作为后人，应对先贤敬仰，然后在他们的基础上继续前进。

用现在的知识，利用三角函数可以直接计算出面积。对圆的内切正多边形，取其中一边，与两条半径组成一个三角形，做一条辅助线垂直于其中一条半径，通过三角函数，可知这条垂线长度为 $R\times\sin(2\pi/n)$，得出三角形面积公式：$S=(1/2)\times R\times\sin(2\pi/n)\times R$。整个内切正多边形的面积乘以 n 就可以了。

对一般函数的对应图形，如何计算面积呢？比如平方线 $y=x^2$。实际上的方法还是“割圆法”思想中体现出来的极限逼近。下面分析一下。

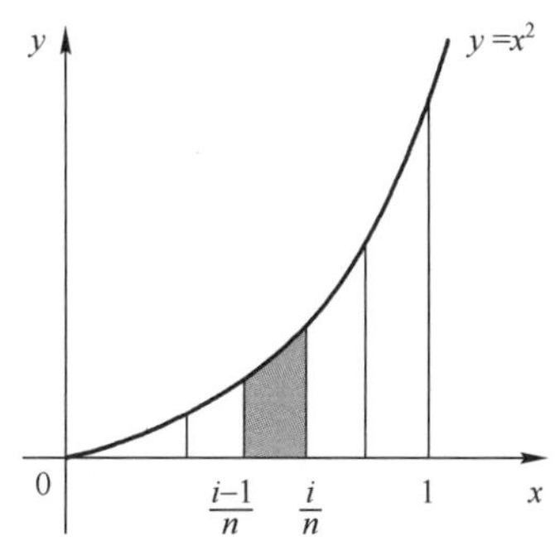

可以将 x 等分成多个小条，计算每一条的矩形面积，然后求和。按照上图所示，如果按照 i−1 处的值，得出来面积比原面积小，按照 i 处的值，得出的面积比原面积大，这样就给出了原面积的上下限。等分越多，结果越逼近真实值。无穷分割下去，就可得到真实值。

程序如下：

```
def area(x,step):
    delta = x/step #width
    r=x-delta*step #remaining

    i=1
    s0=0 #low bound
    s1=0 #upper bound
    for i in range(1,step+1):
        h0 = (delta*(i-1))**2
        h1 = (delta*i)**2
        a0=h0*delta
        a1=h1*delta
        s0 += a0
```

```
            s1 += a1

        #add remaining
        s0 += r**2
        s1 += r**2

        return s0,s1

print(area(1,2))
print(area(1,10))
print(area(1,50))
print(area(1,100))
```

程序实际上比较简单，就是等分 step 次，根据 x 的值计算出每一样条的宽度 delta，然后逐条计算 y 值（程序中计算了两个值，一个是下限估计 h0，一个是上限估计 h1）。注意这个程序考虑了一个 remaining，是因为等分之后有可能多出一个小尾巴没有除干净，把这个小尾巴的面积也加上去。

程序运行结果为：

```
(0.125, 0.625)
(0.2850000000000001, 0.3850000000000001)
(0.3234, 0.34340000000000004)
(0.32835000000000014, 0.33835000000000015)
```

当等分数越来越大时，上下限就越来越接近了。最后的真值为 1/3。

当然，现在有了微积分的知识，人们知道对 $y=x^2$ 函数积分为 $y=x^3/3$，直接可以计算出来。

4.7 跟着 Ada 计算伯努利数（向 Ada 致敬）

4.7.1 分析计算伯努利数

在第一个程序员 Ada 的笔记中，最经典的部分就是对伯努利数的计算。

1843 年，Ada 在信中写到“我想在我的笔记中，用计算伯努利数来作为分析机工作的例子。”

这个数是 18 世纪瑞士数学家伯努利（他本人最大的数学成就是关于概率的研究，后面会介绍到）引入的一个数列。

递推公式为：

$$B_n = -\frac{1}{n+1}(\mathrm{C}_{n+1}^{0}B_0 + \mathrm{C}_{n+1}^{1}B_1 + \cdots + \mathrm{C}_{n+1}^{n-1}B_{n-1})$$

这里用到了组合数，所以先编写一个独立的函数来计算组合数：

```
def combine(m,n):
    if n==0:
```

```
        return 1
    a=1
    for i in range(1,n+1):
        a *= m-i+1
    b=1
    for j in range(1,n+1):
        b *=n-j+1

    return a/b
```

之后套用递推公式计算，程序如下：

```
def bernoulli(n):
    if n==0:
        return 1
    if n==1:
        return -0.5

    s = 0
    for i in range(0,n):
        s += combine(n+1,i)*bernoulli(i)
    return -1/(n+1)*s
```

得出了前几项的值：

```
1
-1/2
1/6
0
-1/30
0
1/42
0
-1/30
```

程序不难。但是仔细看这个程序：

```
for i in range(0,n):
    s += combine(n+1,i)*bernoulli(i)
```

在循环中再递归调用，也就是说计算 B(5)时，它是从头到尾计算了 B(4)、B(3)、B(2)、B(1)、B(0)，计算 B(4)时又重新计算了 B(3)、B(2)、B(1)、B(0)。

有没有一种办法让它不要总是重复计算，记住上次计算的结果？

有的，前面提到过，一个对象中可以包含数据和函数，设置一个对象，记住这些计算过的值就可以了。程序改造如下：

```
class bernoulli(object):
    def __init__(self):
```

```
        self.ba=[1,-0.5] #values array

    def generate(self,n):
        if len(self.ba)>n: #get stored value from array
            return self.ba[n]

        s = 0
        for i in range(0,n):
            s += combine(n+1,i)*self.generate(i)
        bn = -1/(n+1)*s
        self.ba.append(bn) #append new value

        return self.ba[n]
```

结果是一样的，但是少了重复计算。

4.7.2 为什么要向 Ada 致以敬意?

初看，伯努利数感觉很奇怪，其实很有用，伯努利就是在研究自然数幂和时提出这个数列的。来看下面的公式：

$$1+2+3+\cdots+n=\frac{1}{2}n^2+\frac{1}{2}n$$

$$1^2+2^2+3^2+\cdots+n^2=\frac{1}{3}n^3+\frac{1}{2}n^2+\frac{1}{6}n$$

$$1^3+2^3+3^3+\cdots+n^3=\frac{1}{4}n^4+\frac{1}{2}n^3+\frac{1}{4}n^2$$

但是对一般的结论呢？很难计算。这时，伯努利数就派上用场了：

$$\sum_{k=1}^{n}k^p=\frac{1}{p+1}\sum_{j=0}^{p}(-1)^j\mathrm{C}_{p+1}^{j}B_j n^{p+1-j}$$

Ada 成功地算出了 B8（按照她本人的叫法是 B7），在这里，Ada 提出了循环、递归、子程序一系列概念。很难相信这是 200 年前的成果，让人惊叹。

Ada 36 岁病逝，如果 Ada 不英年早逝，计算机的发展进程会如何改写？从 Ada 留下的笔记中，看到了数学计算的机械化，她还探讨了三体问题，提出了循环和嵌套循环这些现代概念，她还认为音乐如果能数字化，分析机一样可以创作宏大的音乐，而且她还指出了计算机器的能力边界“无论如何编程，分析机都不能自己做出决策。它只能完成人们让它做的事情……它的证明只能协助人们证明人们已经懂得的东西。”

第5章

字 符 处 理

5.1 先来谈谈字符编码

5.1.1 首先是 Unicode

前面章节介绍的都是算术。计算机当然还能做其他的事情。下面来学一学字符的处理。

前面提到过，字符是通过编码规定的，ASCII 码是其中一种编码。后来随着大量的字符需要处理，比如中文、泰文，它们的字符数目远多于英文字母，8 位 ASCII 码不够用（只能表示 256 个字符，最早期其实只有 128 个字符，字节的最高位保留 0，后来其他拉丁字符加入，开始使用高位 1，这个标准就是 ISO8859-1），于是不同的国家对各自的文字做了不同的规定，如简体汉字基本字符集标准 GB2312、繁体汉字的标准 Big-5。

当不同国家的数据汇在一起时，这些不同的编码混合在一起容易混乱。于是 ISO 国际标准化组织就制定了新的全球统一的编码标准，这就是现在通行的 Unicode（1994 年公布）。

Unicode 实际上分成很多平面，其中第零平面最重要。它用两个字节编码（可以容纳 65536 个字符），写成 4 个十六进制数（0x0000-0xFFFF）。Unicode 码表如下。

0000-007F：C0 控制符及基本拉丁文（C0 Control and Basic Latin）

0080-00FF：C1 控制符及拉丁文补充-1（C1 Control and Latin 1 Supplement）

0100-017F：拉丁文扩展-A（Latin Extended-A）

0180-024F：拉丁文扩展-B（Latin Extended-B）

0250-02AF：国际音标扩展（IPA Extensions）

02B0-02FF：空白修饰字母（Spacing Modifiers）

…

以前在 ASCII 码表中的字符，只要前面加上 00 就是新的 Unicode 码，如字母 A 的 ASCII 编码为 41（十六进制），在 Unicode 中为 0041。

其中常用汉字范围是 4E00～9FA5。20902 个汉字，一般就够用了。康熙部首在 2F00～2FD5，其他一些少见的汉字在另外的段，如 3400～4DB5 或者在其他平面如 20000～2A6D6。合计有 60000 多个汉字。如“郭”字，在 Unicode 中规定的编码为 90ED。

在计算机程序中，如何存储这个编码呢？这不是 Unicode 来解决的问题，Unicode 本身只规定了每个字符的数字编号是多少，并没有规定这个编号如何存储和传输。

▷▷▷ 5.1.2 有了 Unicode 还不够

有了 Internet 之后，全球联网，人们迫切要求字符的存储格式统一。所以需要有一些其他的标准，规定字符的存储格式，如 UTF-8、UTF-16、UTF-32。Java 内部使用的是 UTF-16，而 Python 内部使用的是 UTF-8。

读者可能会奇怪，既然已经规定好了 Unicode，每个字符都有一个二进制码，不能直接用这个码来存储吗？有两个原因导致没有这么做，一个原因是 Unicode 中没有规定，这不是制订 Unicode 标准的工作内容；另一个原因是 Unicode 编码用了两个字节，如果数据都是拉丁字符，相当于浪费了一半空间。

无论怎样都要用多个字节拼在一起存储表示一个字符。这里引入了一个问题：多个字节如何拼？读者一时半会儿可能还没反应过来这是怎么回事。下面来看一个例子："郭"字的 Unicode 编码为 90ED，需要两个字节，高字节为 90，低字节为 ED，实际存储时有两个选择，一种是高位在前低位在后 90ED，称之为 BigEndian（大头），另一种是反过来低位在前高位在后 ED90，称之为 LittleEndian（小头）。不同的群体用不同的做法，这样互相共享和传输数据就出了问题。如 Windows 和 Linux 用的是 LittleEndian，而 macOS 用的是 BigEndian。

UTF-8 得到了广泛的应用。这是一种变长的编码格式，根据字符在 Unicode 上不同的位置，规定了不同的长度，从 1～6 个字节不等。下面是基本字符的对照表：

```
Unicode              | UTF-8
0000 0000-0000 007F | 0xxxxxxx
0000 0080-0000 07FF | 110xxxxx 10xxxxxx
0000 0800-0000 FFFF| 1110xxxx 10xxxxxx 10xxxxxx
```

从上表可以看出，英文字母基本上用一个字节，而汉字基本上用三个字节。UTF-8 实际是按单个字节分开存储的，所以它没有 BigEndian 和 LittleEndian 的问题。Internet 上一般用 UTF-8。

用文本编辑器编写如下内容：

```
1234567890
abcdefg
天地之间有我
```

选择用 UTF-8 格式存储，再用十六进制查看，显示如下结果：

```
313233343536373839300D0A
61626364656670D0A
E5A4A9E59CB0E4B98BE997B4E69C89E68891
```

Python 中的字符都是 UTF-8 来处理的，如下：

```
>>> s="abcd 我"
>>> len(s)
5
```

这个字符串混合了英文和中文，len()返回字符数。

```
>>> b=s.encode()
>>> b
b'abcd\xe6\x88\x91'
>>> len(b)
7
```

通过字符串的 encode()函数转换成字节串，看到“我”字符的三字节 UTF-8 编码，而英文还是一个字节。所以总字节为 7。

5.2 Python 如何操作字符串

5.2.1 丰富的字符串操作

Python 中有一个命令查看有哪些函数可以操作字符串：print(dir(str))。结果如下：

```
'capitalize', 'casefold', 'center', 'count', 'encode', 'endswith', 'expandtabs', 'find', 'format', 'format_map', 'index', 'isalnum', 'isalpha', 'isascii', 'isdecimal', 'isdigit', 'isidentifier', 'islower', 'isnumeric', 'isprintable', 'isspace', 'istitle', 'isupper', 'join', 'ljust', 'lower', 'lstrip', 'maketrans', 'partition', 'replace', 'rfind', 'rindex', 'rjust', 'rpartition', 'rsplit', 'rstrip', 'split', 'splitlines', 'startswith', 'strip', 'swapcase', 'title', 'translate', 'upper', 'zfill'
```

功能很丰富，摘要如下：

注意：Python 中的字符串是不可变对象，这一点与 Java 一样。所有修改和生成字符串操作的实现方法都是另外新生成一个字符串对象。

```
>>> print('A bcd 我'.lower()) #转换为小写
a bcd 我
>>> print('A bcd 我'.upper()) #转换为大写
A BCD 我
>>> print('a bcd 我'.title()) #单词首字母大写
A Bcd 我
>>> print('a bcd 我'.capitalize()) #首词首字母大写
A bcd 我
>>> print('1234'.isdigit()) #是否为数字
True
>>> print('abcd'.isalpha()) #是否为字母
True
>>> print('abcd1234'.isalnum()) #是否为字母、数字
True
>>> print(' '.isspace()) #是否为空白
True
>>> print('\t'.isspace()) #是否为空白
True
>>> print('_abc123'.isidentifier())  #是否为标识符
True
```

```
>>> print('abc'.center(5,' ')) #字符串居中，其前后用空格填充
_abc_
>>> print('xyz'.ljust(5,'_')) #字符串左对齐，其后用_填充
xyz__
>>> print('xyz'.rjust(5,'_')) #字符串右对齐，其前用_填充
__xyz
>>> print('abcdxy 我 xy 我'.count('xy 我')) #找子串出现的次数
2
>>> print('abcxyz'.endswith('xyz')) #字符串结尾判断
True
>>> print('abcxyz'.startswith('xyz')) #字符串开头判断
False
>>> print('abcxyzXY'.find('xy')) #查找子串出现的位置
3
>>> print('xyzabcabc'.rfind('bc')) #查找子串出现的位置，从右边找起
7
>>> print('abcxyzoxy'.replace('xy','XY')) #替换
abcXYzoXY
>>> src='abcxyz'
>>> dest='123456'
>>> map_table=str.maketrans(src,dest) #字符对照表
>>> sentence="I love fairy"
>>> result=sentence.translate(map_table) #按照字符对照表替换
>>> print(result)
I love f1ir5
>>> '1,2,3'.split(',') #分割
['1', '2', '3']
>>> '<hello><><world>'.split('<>') #多字符分割
['<hello>', '<world>']
>>> 'ab c\n\nde fg\rkl\r\n'.splitlines() #按行分割
['ab c', '', 'de fg', 'kl']
>>> '_'.join("python") #拼串
'p_y_t_h_o_n'
>>> '_'.join(['py','th','o','n']) #拼串
'py_th_o_n'
```

▷▷▷ 5.2.2　开始造个轮子

为了学习到更多的东西，掌握好原理，下面可以自己试着去实现某些功能，如查找子串。自然，工作过程中是不需要这样的，直接使用库中现成的函数就可以了，但是在学习阶段，重新造轮子会很有收获。

下面看一个小例子。

全国青少年编程竞赛中有这样一道题目：如果在输入的字符串（字母数字）中，含有类似于“d-h”“h-d”“4-8”“8-4”的字串，则把它当作一种简写，输出时，用连续递增/递减的字母或数字串替代其中的“-”，即将上面的子串分别输出为“defgh”“hgfed”“45678”

“87654”。

这个题目不难，逐个字符查看所给字符串，如果不是"-"号，就直接将当前字符添加在新串中；如果是"-"号，就查看前后的字符，如果前后字符都是字母或数字，则需要补充中间缺省的字母或数字，补充好之后，继续向前逐个字符查看。

先编写一个补充缺省字符的函数：

```
def expchar(c1,c2):
    count=0
    tmp=""
    if ord(c2)>ord(c1):
        while count < ord(c2)-ord(c1)-1:
            count+=1
            tmp = tmp + chr(ord(c1) + count)
        return tmp
    if ord(c2)<ord(c1):
        while count < ord(c1)-ord(c2)-1:
            count+=1
            tmp = tmp + chr(ord(c1) - count)
        return tmp
    if ord(c2)==ord(c1):
        return ''
```

思路很简单，就是对给定的两个字符/数字，用 ASCII 编码的差确定需要补充的字符个数，然后一个一个查看下一个字符。

有了这个函数，下面可以编写主程序：

```
s = input("input string:")
t=""

i=0
while i<len(s):
    c = s[i]
    if c!='-' or i==0:
        t += c
        i += 1
    else: #-
        c1=s[i-1]
        if c1.isalpha() or c1.isdigit():
            j=i+1
            if j<len(s):
                c2=s[j]
                if (c1.isalpha() and c2.isalpha()) or (c1.isdigit() and c2.isdigit()) :
                    fillchar = expchar(c1,c2)
                    t += fillchar
                    i+=1
```

可以看出主程序很简单，就是扫描输入的字符串，不是字符“-”就简单地把当前字符添加到目标串中，遇到“-”就进行处理：取其前一个和后一个字符，只有 if (c1.isalpha() and c2.isalpha()) or (c1.isdigit() and c2.isdigit()) 条件成立，才真正补充字符。

5.3 凯撒密码（Caesar cipher）

根据历史的记载，古罗马的凯撒大帝以密码传递军事命令。他采用了一种简单的方式，即把字母按照一个固定的偏移量进行替换，如 A 换成 E，B 换成 F，偏移四个位置。拿到军事命令的将军，知道这个事先约定的偏移量，就反向替换回去。

下面来实现一下（仅对 26 个字母）。用上面提到的 ASCII 编码的概念，可以简单地实现字母移位。ASCII 码表中 A～Z 大写字母的编码为十六进制 41～5A（十进制的 65～90），a～z 小写字母的编码为十六进制 61～7A（十进制的 97～122），可以看到编码本身是连续的，所以只需要统一加一个偏移量就可以了。

Python 中也提供了获取 ASCII 编码的函数 ord()，还提供了通过 ASCII 编码反过来得到字符的函数 chr()。程序如下：

```
data = input("Enter message:")
Ndata=""
for c in data:
    n=ord(c)
    if ord(c)>=65 and ord(c)<=90:
        n = ord(c)+4
        if n>90:
            n=n-26
    if ord(c)>=97 and ord(c)<=122:
        n = ord(c)+4
        if n>122:
            n=n-26
    Ndata=Ndata + chr(n)
print (Ndata)
```

程序中，data 存储用户输入的消息，Ndata 是加密后的消息。最关键的语句是：for c in data，Python 很灵活，for 语句能循环从一个字符串中一个一个定位字符，所以这句话的意思就是对字符串 data 中的每一个字符进行处理。ord(c)得到字符的 ASCII 编码，然后把编码加上偏移量，这时要注意，加上偏移量后，有的字母的编码就会超出字母的编码范围，这时需要减掉 26，这样实现循环移位。最后通过 chr(n)转换回去变成新的字母。

测试一下，输入 Hello August，程序返回 Lipps Eykywx。

有了加密的程序，就得有解密的程序，如下：

```
data = input("Enter message:")
Ndata=""
for c in data:
    n=ord(c)
    if ord(c)>=65 and ord(c)<=90:
        n = ord(c)-4
```

```
            if n<65:
                n=n+26
        if ord(c)>=97 and ord(c)<=122:
            n = ord(c)-4
            if n<97:
                n=n+26
        Ndata=Ndata + chr(n)
print (Ndata)
```

很简单，把得到的字符编码减 4 就可以了，同样判断是否超出范围。

这样，就要有两个程序来加密和解密。有没有可能用同一个程序做到既加密又解密呢？其实稍微动一下脑筋就可以看出，如果把偏移量改成 13，就可以用同一个程序了。

但是，这样的加密手段还是不够的，比较容易被破解出来。更好的方式是实现一个对照表，将明文字母与密文字母对照列出，不统一使用一个偏移量。

```
data = input("Enter message:")
Ndata=""
flt="abcdefghijklmnopqrstuvwxyz"
enc="qwertyuioplkjhgfdsazxcvbnm"
data=data.lower()
for c in data:
    i=flt.find(c)
    if i!=-1:
        Ndata=Ndata + enc[i]
    else:
        Ndata=Ndata + c
print (Ndata)
```

程序很简单，有一个明文串，一个密文对照串。对用户输入的消息逐个字母查找明文中的位置，然后找密文中对应的字符。注，字符串 find() 函数返回 -1 表示没有找到这个字符。

解密也是一样的，只不过是反过来先找密文中的位置，然后找明文中对应的字符。

按照这种加密方式，要解密就难一些，除非有密码对照表。但是如果有很多数据统计，还是能比较快地猜出对照表。比如英语中的字母使用频度是不一样的，根据大量文本统计，频度见下表：

```
1 E 12.25
2 T 9.41
3 A 8.19
4 O 7.26
5 I 7.10
6 N 7.06
7 R 6.85
8 S 6.36
9 H 4.57
10 D 3.91
```

```
11 C 3.83
12 L 3.77
13 M 3.34
14 P 2.89
15 U 2.58
16 F 2.26
17 G 1.71
18 W 1.59
19 Y 1.58
20 B 1.47
21 K 0.41
22 J 0.14
23 V 1.09
24 X 0.21
25 Q 0.09
26 Z 0.08
```

字母 E 是用得最多的，所以拿到密码后，可以假定出现次数最多的字母为 E，这样一步步解密。

这样，在加密、解密的过程中，人类发展出了一整套密码术。没有破解不了的密码，只是时间和难度的问题。

5.4 字符串查找（KMP 算法）

5.4.1 从最笨的方法开始

接下来看一看查找，先看最笨的方法。

比如想从一段文本中找出某个单词。用最简单的思路，从文本的第一个字母开始，逐个比对单词中的字母，如果不匹配就从文本的第二个字母再开始比对。

```
text = "The brown fox quickly jumps over a lazy dog"
word = "fox"

i=0
found = 0
while i<len(text): #逐个位置扫描文本，i 是位置
    j=0  #j 为单词中的字母位置
    k=i  #k 为与单词比对的标尺在文本中的位置
while k<len(text) and j<len(word) and text[k]==word[j]: #如果文本字母跟单词字母一样，就接着往下扫描。
        k += 1
        if k>=len(text):
            break
        j += 1
        if j>=len(word):
```

```
                break
            if j>=len(word): #full match        #跳出循环，匹配成功
                found=1
                break
            else:  #不匹配，文本位置+1
                i += 1
        if found==1:
            print("index:",i)
        else:
        print("index:",-1)
```

下面以图片的形式展示这个查找是如何工作的，这样看起来更加直观。

原始文本和位置表示如下。

T	h	e		b	r	o	w	n		f	o	x		q	u	i	c	k	l	y		j	u	m	p	s		o	v	e	r		a		l	a	z	y		d	o	g

要查找的单词和位置表示如下。

f	o	x

开始时，文本位置 i 为 0，指向文本的第一个位置，即字母 T。

然后，用一把尺子来进行与单词的比对，这把尺子开始时的位置为 i，对准文本当前位置。

文本、尺子和单词开始是这个样子。

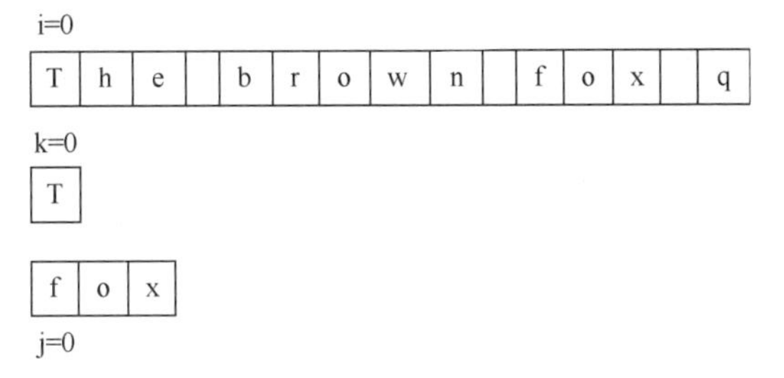

判断循环条件：while k<len(text) and j<len(word) and text[k]==word[j]，这时 text[0] 为 T，word[0]为 f，不相同，不进入循环，没有匹配上，把文本位置向前进 1。文本、尺子和单词变化成这个样子。

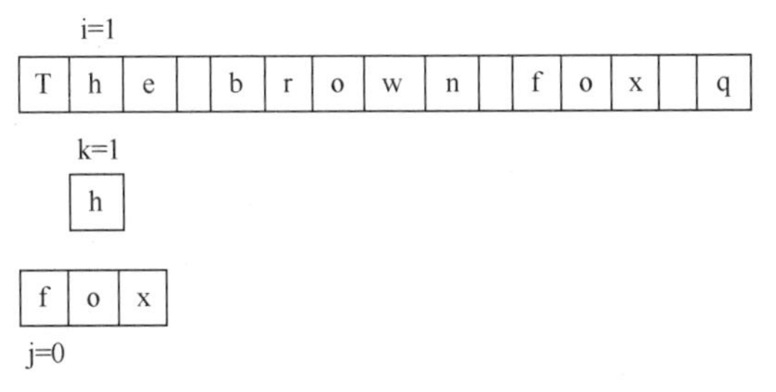

再次判断循环条件：while k<len(text) and j<len(word) and text[k]==word[j]，这时 text[1] 为 h，word[0]为 f，不相同，不进入循环，没有匹配上，再把文本位置向前进 1。

就这样一直进行到 i=10 时，图示如下。

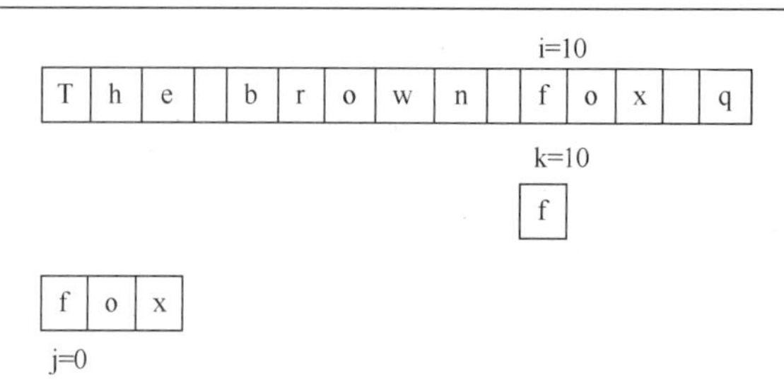

判断循环条件：while k<len(text) and j<len(word) and text[k]==word[j]，这时 text[10]为 f，word[0]为 f，相同，进入循环。

单词比对是靠这个循环实现的，思路就是如果字母相同，就把尺子和单词都往前再进一位，再比对下一个字母。程序上执行的是 k+=1，j+=1，图示如下。

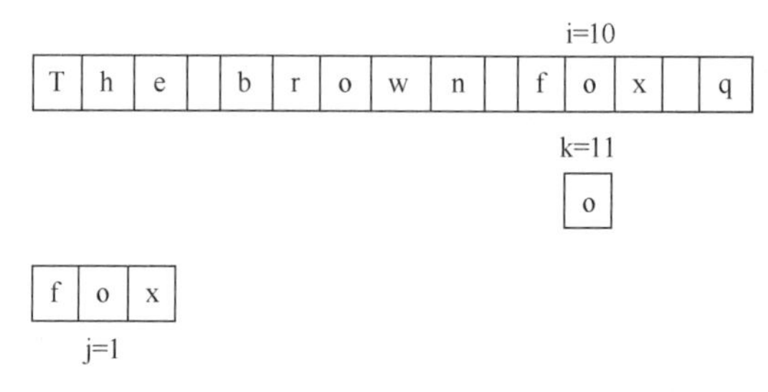

这时，i=10，k=11，j=1，判断循环条件：while k<len(text) and j<len(word) and text[k]==word[j]，这时 text[11]为 o，word[1]为 o，还是相同，继续循环。把尺子和单词都往前再进一位再比对下一个字母。程序上执行的还是 k+=1，j+=1，图示如下。

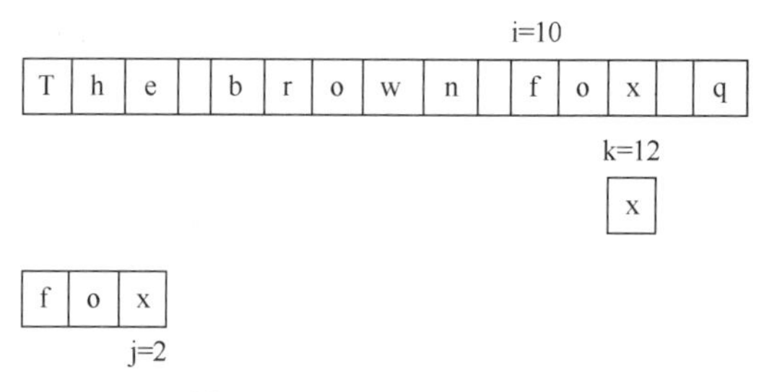

这时，i=10，k=12，j=2，判断循环条件：while k<len(text) and j<len(word) and text[k]==word[j]，这时 text[12]为 x，word[2]为 x，还是相同，继续循环。把尺子和单词都往前再进一位，再比对下一个字母。程序上执行的还是 k+=1，j+=1，执行的结果是 k=13，而 j=3，到了单词的边界。执行语句：

```
if j>=len(word):
        break
```

跳出循环。这时 k=13，j=3，而 i=10。执行下面的语句：

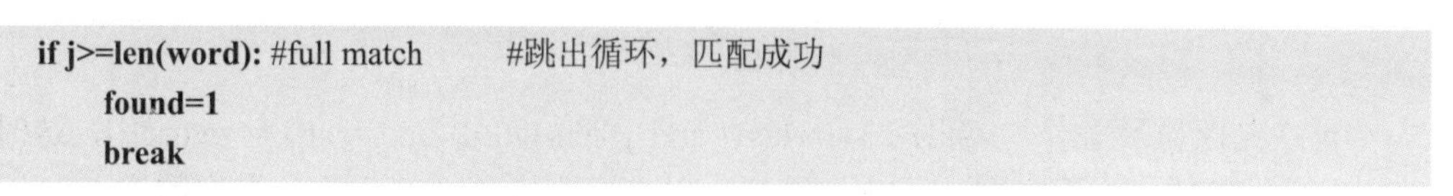

```
if j>=len(word): #full match       #跳出循环，匹配成功
    found=1
    break
```

匹配成功说明找到了，跳出外层循环，终止文本的扫描。这时 i 的位置为 10，代表的就是这个匹配单词在文本中的起始位置。

这个程序思路很简单，便于直观理解，但是它的效率不高，它是双重循环，每一次都是一步一步加 1 进行比对，所以性能为 $O(n*m)$。

5.4.2 聪明一点的方法

有没有更好的办法？能不能在比对失败的时候不是老老实实往前移动一位，而是尽可能多移动几位？

其实其中的关键是取决于要查找的单词本身的字母组成形式。

比如给定的单词是 baby。用它去比对文本 banana，如果第一个 b 就跟文本不匹配，就将文本移动一个位置，假设第一个 b 是匹配的，但接下来的 a 不匹配，那也要将文本再移动一个位置。

但是下一个字母就不一样了，假设第一个 b 和 a 都匹配，但是第二个 b 不匹配，那么可以把文本移动几个位置呢？图示如下。

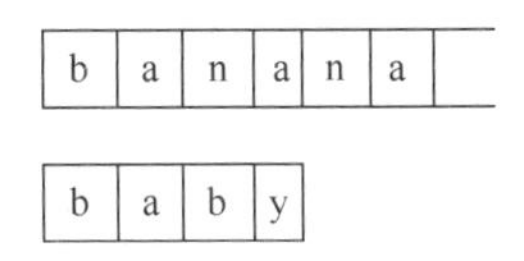

自然，移动一个位置是没有问题的，有没有可能多向前移动一个位置呢？仔细看一下，其实往下移动一个位置没有必要。因为下一个位置确定是 a（已经匹配过了），不可能与 b 相同，所以可以跳过以前匹配好的这两个位置，下一次直接从文本串的第三个位置开始匹配。

读者可能会有疑惑，下一次总是从上一次失效的位置开始，这一下子移动这么多，不会有漏掉的吧？来看下面的例子。

文本串：aaaabcdefg，匹配串 aaab。按照刚才的想法，先一个一个进行比对，前三个字母都是 a，匹配上了，第四个位置，文本串是 a，匹配串是 b，不匹配，如果这时直接从第四个位置开始再重新比对匹配串，就成了将子串 abcdefg 与 aaab 进行比对，根本无法匹配成功。这就意味着一下子跳跃多了，漏掉了可能匹配上的情形。

那是不是意味着一定需要回溯一个一个比对呢？不是的。再进行研究，看上面漏掉的这种情况是怎么回事。

如果匹配串是 abcd，那肯定不会漏掉，而 aaa 就有可能漏掉，原因在于这个匹配串中有重复的模式。abcd 的四个字母没有重复，所以当前三个字母与文本串匹配，在第四个位置失效时，不用只滑动一个位置，因为从匹配串本身就知道了第二个位置的字母不等于第一个，这时就可以放心大胆移动。但是如果匹配串本身有重复，就要小心了，不能没头没脑地移动，小心漏掉。

所以研究的问题就转换成了度量匹配串本身的模式重复度。如 abc 就没有重复，而 aba 就有重复，最后的 a 跟前面的 a 是重复的，判定重复了 1。而 abab 就重复了 2，前面的 ab 和后面的 ab 重复，同理 ababa 重复度为 3，前面的 aba 和后面的 aba 重复。

用数学的术语，这叫作前缀后缀最长公共子串长度。举例如下。

ababa 有四个前缀 a、ab、aba、abab。

ababa 有四个后缀 a、ba、aba、baba。

最大的公共子串是 aba，长度为 3。

先编写一个函数求一个串的所有前缀子串：

```
def pres(s):
    presarr=[]
    s1=""
    i=0
    while i<len(s)-1:
        s1 += s[i]
        presarr.append(s1)
        i+=1
    return presarr
```

再编写一个函数求所有后缀子串：

```
def afs(s):
    afsarr=[]
    s1=""
    i=len(s)-1
    while i>0:
        s1 = s[i] + s1
        afsarr.append(s1)
        i-=1
    return afsarr
```

然后用一个函数把公共子串中最长的子串找出来：

```
def LCS(s):
    presarr=pres(s)
    afsarr=afs(s)
    cs=""
    i=0
    while i<len(presarr):
        if presarr[i]==afsarr[i]:
            cs=presarr[i]
        i+=1
    return cs
```

测试一下，输入 LCS("ababa")，返回 aba，aba 就是前缀后缀最长公共子串。而这个串的长度可以叫重复度。

这样，对给定模式串的每一个子串，可以计算这么一个重复度。程序如下：

```
def next(s):
    nextarr=[]
    i=0
    while i<len(s):
        subs =s[0:i+1]
        cs = LCS(subs)
```

```
        nextarr.append(len(cs))
        i+=1
    return nextarr
```

测试一下，输入 next("ababa")，返回[0, 0, 1, 2, 3]。含义可以理解为串中某个位置对应的重复度。

a	b	a	b	a
0	0	1	2	3

有了这个重复度，再来看字符串的查找，当匹配串与文本串在某个位置匹配不上时，文本串的位置不用动，不需要回溯，匹配串就从 next[]记录的位置开始再次匹配。

程序如下：

```
text = "abab ababa fown aa fox quickly jumps over the lazy dog"
word = "fo"

i=0
j=0
nextarr=next(word)
found = 0
while i<len(text):
    while text[i]==word[j]:
        j += 1
        if j>=len(word):
            break
        i += 1
        if i>=len(text):
            break
    if j>=len(word): #full match
        found=1
        break
    else:
        if j==0:#一个字母都没有匹配成功（上面 while 没有执行，i 没有移位，需要移动文本串位置）
            i+=1
        else:#部分匹配（现在 i 指向的是第一个失效的字母位置），按照重复度重新比对
            j=nextarr[j-1]

if found==1:
    print("index:",i-len(word)+1)
else:
    print("index:",-1)
```

从程序中，看到了位置 i 一直在+1，就是说没有回溯。匹配失败时，在失败的位置与按照重复度确定的新位置再次比对。

假定文本串为"x abab ababa"，要查找的匹配串为 ababa。

x		a	b	a	b		a	b	a	b	a

匹配串以及前缀后缀 LCS（重复度）。

a	b	a	b	a
0	0	1	2	3

开始时的位置如下所示。

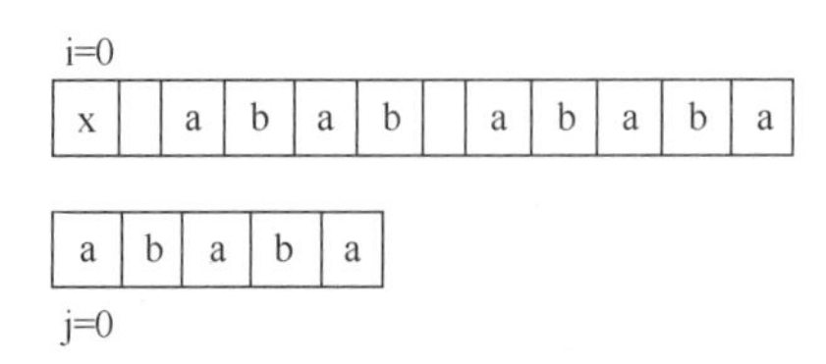

文本串位置 0 的字母 x 与匹配串第一个字母就不同，所以没有执行内部的 while，直接执行下面的语句：

```
else:
    if j==0:#一个字母都没有匹配成功（上面 while 没有执行，i 没有移位，需要移动文本串位置）
        i+=1
```

等于简单地把文本串位置向前移动一位，如下所示。

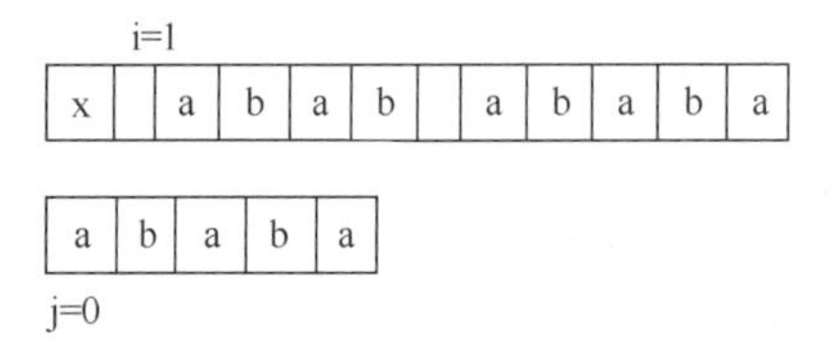

再次比对，文本串位置 1 的字母空格‘ ’与匹配串第一个字母还是不同，继续移位。

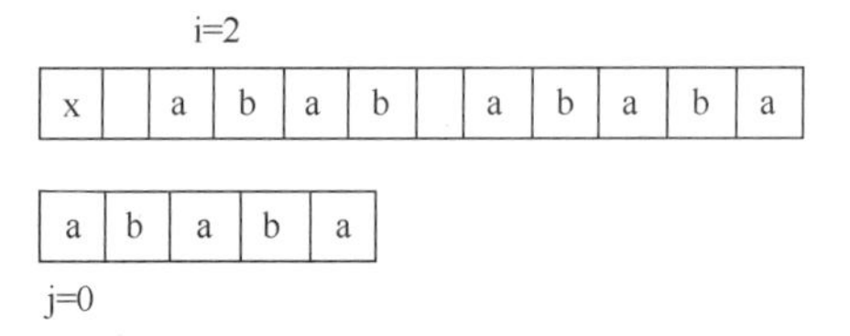

再次比对，文本串位置 2 的字母与匹配串第 1 个字母这次相同了，都是 a。于是执行 while 循环。这个循环就是简单地把 j+1 以及 i+1，语义就是看下一个位置的字母是否相同，相同继续加 1，直到四次之后。

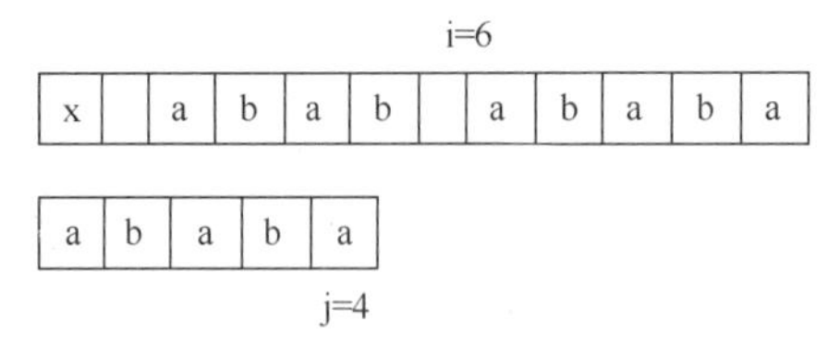

文本串位置 6 的字母与匹配串第 5 个字母又不相同了。所以跳出循环。执行的是下面的语句：

```
else:#部分匹配（现在 i 指向的是第一个失效的字母位置），按照重复度重新比对
    j=nextarr[j-1]
```

因为 nextarr[]中记录的是重复度，而现在 j 指向的是第一个不匹配的位置，所以确定之

前的字母都是匹配上的，查找上一个字母对应的重复度 nextarr[3]，记录为 2。重新调整匹配串的比对位置，重置为 2，如下移位。

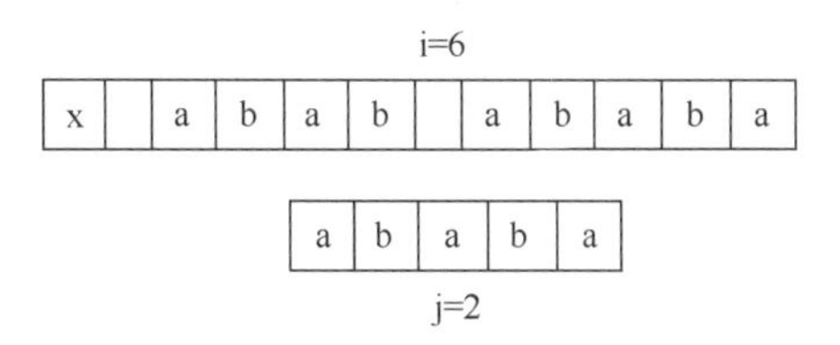

用文本串的位置 6 和匹配串的位置 2 进行比对，不需要 i 回溯，也不需要 j 从 0 开始。注意上面的图中 j=0 和 j=1 的两个字母已经与文本串中的匹配成功了。这就是提前计算好重复度带来的好处，因为字母是重复的，所以不需要再从头比对。这就是本算法的精髓。

i=6 和 j=2 的位置不匹配，所以继续跟踪程序，还是要执行下面的语句：

```
else:#部分匹配（现在 i 指向的是第一个失效的字母位置），按照重复度重新比对
    j=nextarr[j-1]
```

这时得到新的 j 是 0，意味着要从头开始比对。

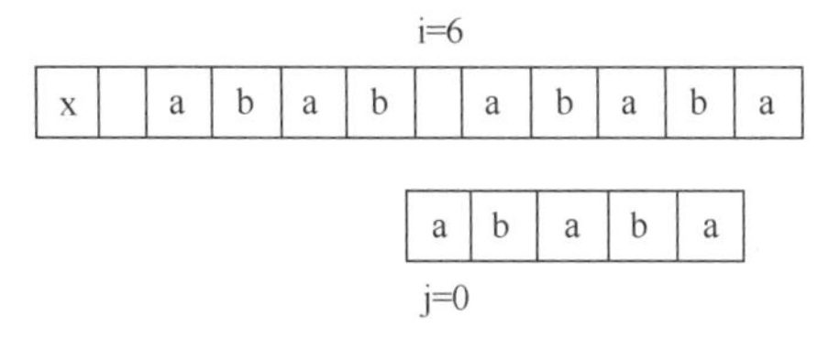

i=6 和 j=0 的位置不匹配，这时执行下面的语句：

```
if j==0:#一个字母都没有匹配成功（上面 while 没有执行，i 没有移位，需要移动文本串位置）
    i+=1
```

直接把 i 向前移动一位，这时 i=7，j=0，图示如下。

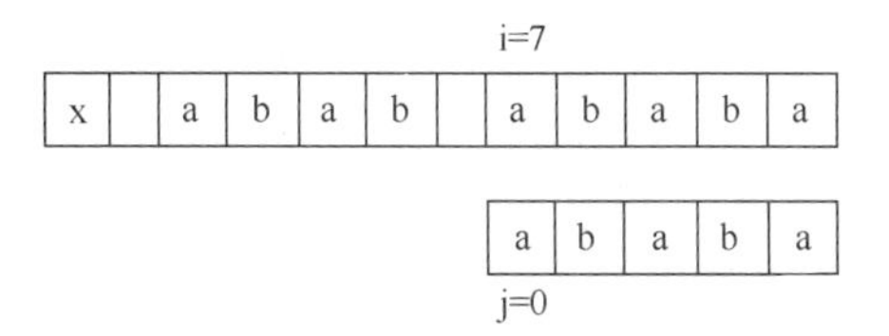

i=7 和 j=0 的位置都是 a。于是执行 while 循环。这个循环就是简单地把 j+1 以及 i+1，语义就是看下一个位置的字母是否相同，相同继续加 1，直到五次之后。

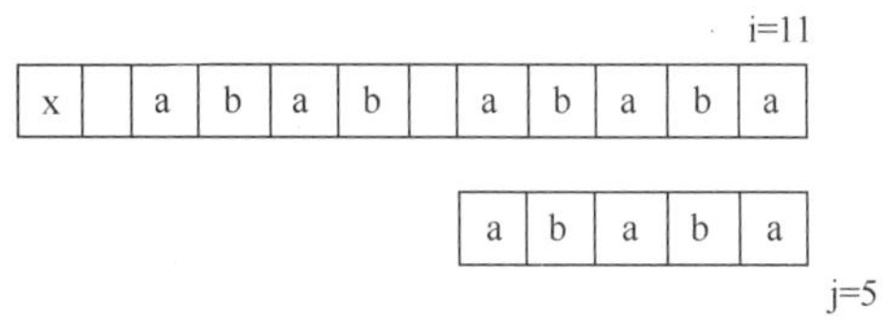

判断 j 超出了范围，跳出循环，执行下面的语句：

```
if j>=len(word): #full match
    found=1
    break
```

终于找到了！

前面看到了整个算法执行过程中，长度为 n 的文本串的位置是一直往前不回溯的，长度为 m 的匹配串有可能会回跳几次，如果匹配串的重复度比较高，就会回调 m 次，碰到极端情况如匹配串为“aaaaa”，重复度很高，而文本串也是重复度高，如“aaaabaaaab”，那就可能每次都要回调，接近退化成 $O(n*m)$，最好的情况是 $O(n+m)$。

这个算法有一个名字，叫作 KMP 算法，是 D.E.Knuth、J.H.Morris 和 V.R.Pratt 三位专家在 1977 年发表的。

5.5 Python 如何操作文件

5.5.1 操作文件的方式

Python 提供 open()函数打开一个文件，创建一个 file 对象，相关的方法才可以调用它进行读写。打开时有不同的模式。

- r，只读模式（默认）。
- w，只写模式（不存在则创建；存在则删除内容）。
- a，追加模式（不存在则创建；存在则只追加内容）。

当程序不再使用这个文件时，记得要关闭它，这是通过文件对象的一个方法实现的：

```
f.close()
```

文件中读写数据相关的方法如下。

```
f.read([count])          #读出文件，如果有 count，则读出 count 个字节
f.readline()             #读出一行信息
f.readlines()            #读出所有行，也就是读出整个文件的信息
f.seek(offset[,where])   #把文件指针移动到相对于 where 的 offset 位置。where 为 0 表示文件开始
                          处，这是默认值；1 表示当前位置；2 表示文件结尾
f.tell()                 #获得文件指针位置
f.write(string)          #把 string 字符串写入文件
f.writelines(list)       #把 list 中的字符串一行一行地写入文件，是连续写入文件，没有换行
```

5.5.2 简单地演练一下

用最基本的用法操作文本文件，一次性把数据全都读取进来，一次性全部写回文件。

先生成一个文件，并写一些内容进去：

```
f = open("file1.txt","w",encoding="utf-8")
words="abcd\n1234\n 测试"
f.write(words)
f.close()
```

上面的代码中打开了文件 file1.txt，是写模式打开的，意味着后面可以往里面写入内容并覆盖以前的旧内容，同时制定了编码格式为 utf-8，这是为了统一，方便共享和交换。

内容中有英文、中文，还有\n（表示换行），write(words)把所有内容全部写入 file1 中，覆盖模式。

执行后打开这个文本文件，发现有 16 个字节，英文和换行符各占一个字节，每个汉字占用 3 个字节。

再反过来读取这个文件，程序如下：

```
f = open("file1.txt","r",encoding="utf-8")
words=f.read()
f.close()
print(words)
```

执行结果为：

```
abcd
1234
测试
```

read()函数全部读取出来了。如果读取文件时，没有给定字符编码，会读出乱码来。所以一定要注意编码格式。建议全部统一用 UFT-8。

除了 read()之外，还有一个很好用的函数是 readlines()，测试一下：

```
f = open("file1.txt","r",encoding="utf-8")
words=f.readlines()
f.close()
print(words)
```

运行结果是：

```
['abcd\n', '1234\n', '测试']
```

也就是说，readlines()把文件中的每一行当成列表的一个元素，组成了一个大列表。注意，连带换行符也包含进来了。可以用 strip()去掉这个换行符。

还有一种办法，使用 read() 全部读取后，再使用 splitlines()。

```
f = open("file1.txt","r",encoding="utf-8")
words=f.read().splitlines()
f.close()
print(words)
```

这个办法把文件内容按行读成了列表。可以把数据都放到文件中，程序装载数据文件，进行查询、统计、分析等各种处理。

刚才的例子中，数据比较简单，但是实际很多事情都比这个复杂，比如班级学生的成绩单，一个人就有很多数据，那么如何处理呢？为了更好地完成这个任务，还需要探究一下存储更多内容的数据，这就是下面要介绍的 JSON。

5.6 JSON 是谁

5.6.1 JSON 对象

JSON 是轻量级的文本数据交换格式，它独立于语言。基本规则是：

```
数据在名称/值对中
数据由逗号分隔
花括号保存对象
方括号保存数组
```

举例如下。

一个 JSON 对象，有 firstName 属性和 lastName 属性，表示如下：

```
{"firstName":"Clive","lastName":"Guo"}
```

一组人，每个人都是一个对象，表示如下：

```
[
{"firstName":"Clive","lastName":"Guo"},a're
{"firstName":"Ivy","lastName":"Ye"}
]
```

复合对象，表示如下：

```
{
"residents":[
{"firstName":"Clive","lastName":"Guo"},
{"firstName":"Ivy","lastName":"Ye"}
],
"address":{"postal":"2071","area":"Killara"}
}
```

可以看到，单个对象的表示正好对应于 Python 的字典。对简单的 JSON 对象，可以如下使用：

```
data1 = {"no":”1”, "name":"Alice", "score":90}
print ("no: ", data1['no'])
print ("name: ", data1['name'])
print ("score: ", data1['score'])
```

运行结果是：

```
no:  1
name:  Alice
score:  90
```

写回字典也很简单，可以如下操作：

```
data1["score"]=93
print ("score: ", data1['score'])
```

对 JSON 对象数组也可以使用同样的方法。

5.6.2 解析 JSON

上一节是在程序中自己写死了数据，但是数据一般是写在外部文件中的，比如 json.txt：

```
{
    "name": "clive guo",
    "score": "98",
    "pass": true
}
```

这是一个 JSON 对象。观察一下文件结构，首先通过“{”确定是 JSON 对象，在对象中，再通过“,”分开字段，到了每一个字段，再通过“:”分割字段名和值。

按照这个思路，程序主体如下：

```
while i<len(data):
    idx = getnextfld(data, i)
    fld = data[i:idx]
    fldname = getfldname(fld)
    fldval = getfldval(fld)
    print(fldname,fldval)
```

扫描整个文件的内容，i 记录当前位置，一个字段一个字段地获取，这是函数 getnextfld(data, i)的作用，获取到字段之后，i 记录的是这个字段的下一个字符的位置。

下面看一下如何获取到一个字段：

```
def getnextfld(data,i):
    while i<len(data):
        if data[i]=="\"": #literal string
            i+=1
            while data[i]!="\"": #skip all literal string
                i+=1
                if i>=len(data):
                    print("wrong format")
            i+=1
        else:
            if data[i]=="," or data[i]=="}": #separator for field
                return i
            else:
                i+=1
```

基本的思路就是一个字母一个字母地跳过，一直跳到“,”“}”为止（字段分隔符）。但是要注意一个特殊情况，就是碰到“"”，判断是一个字符串常量，所以就一直跳到下一个“"”，认为这个字符串常量结束了，于是再向前一个字母，继续循环。

整个程序如下：

```
def getnextfld(data,i):
    while i<len(data):
        if data[i]=="\"": #literal string
            i+=1
            while data[i]!="\"": #skip all literal string
                i+=1
                if i>=len(data):
                    print("wrong format")
            i+=1
        else:
            if data[i]=="," or data[i]=="}": #separator for field
                return i
            else:
                i+=1

def getfldname(fld):
    a = fld.split(":")
    return a[0]
def getfldval(fld):
    a = fld.split(":")
    return a[1]

f = open("json.txt","r")
data = f.read().replace("\n","")
f.close()

i=0
while data[i].isspace(): #skip all spaces
    i+=1
if data[i]!="{": #the first character should be {
    print ("wrong format")
i+=1
while i<len(data):
    idx = getnextfld(data, i)
    fld = data[i:idx]
    fldname = getfldname(fld)
    fldval = getfldval(fld)
    print(fldname,fldval)
    i=idx+1
    if i<len(data):
        while data[i].isspace(): #skip all spaces
            i+=1
```

测试一下，对上面的 json.txt 文件，输出如下：

```
"name"   "clive guo"
"score"   "98"
"pass"   true
```

和解析出来的结果一致。

5.6.3 解析复杂 JSON

不过上节只适合非常简单的情形，不强大，也不通用，像如下所示的 json.txt：

```
{"people":[
        {
            "name": "clive guo",
            "score": "98",
            "pass": true
        },
        {
            "name": "other person",
            "score": "100",
            "pass": true
        },
        {
            "name": "test",
            "score": "33",
            "pass": false
        }
    ]
}
```

使用上一小节的办法无法处理，这是一个复合结构，更加复杂的是有多层嵌套，需要自己解析这个格式串，这可不是简单的任务（也不是特别复杂，通过递归下降算法可以解析出来）。一般会引用一个包专门针对 JSON，装载 JSON 数据，然后解析处理这些数据。有了这个包，就可以把精力放在业务本身了。

样例程序如下：

```
import json
import math

f = open("json.txt","r")
data = json.load(f)
f.close()

maxscore=0
maxscorename=""
lscore=100
lscorename=""
average=0
summ=0
```

```
length=0
print ("Select a funciton: 01234")
qselect=int(input("Question:"))

if qselect == 0: #Search score
    inputname=input("Enter name:")
    found=0
    for d in data["people"]:
        if inputname == d["name"]:
            print(d["score"])
            found=1
            break

    if found==0:
        print("Not Found")

if qselect == 1: #Passed list
    for d in data["people"]:
        if d["pass"] == True:
            print (d["name"],d["score"])

if qselect == 2: #Max score
    for d in data["people"]:
        if int(d["score"]) > maxscore:
            maxscore = int(d["score"])
            maxscorename = d["name"]
    print(maxscorename,maxscore)

if qselect == 3: #least score
    for d in data["people"]:
        if int(d["score"]) < lscore:
            lscore = int(d["score"])
            lscorename = d["name"]
    print(lscorename,lscore)

if qselect == 4: #average score
    for d in data["people"]:
        summ += int(d["score"])
        length += 1
    if length == 0:
        print ("Nothing found.")
    else:
        average=summ/length
        print("Average score =", round(average,3))
```

这个程序利用 json 包装载外部的 JSON 文件，然后计算平均值、最大值，或者找某个人的得分。程序非常简单，在此不再讲解。

看看这个 JSON 例子，是不是可以想象把数据都这样格式化存储，程序就可以进行各种数据操作统计了？原理上是这样的。一步一步地，甚至可以发展到文件型数据库系统。

5.7 关于正则表达式

5.7.1 正则表达式的功用

从前面的内容可以看到，只要是处理字符串，就需要查找，不仅仅是精确地查找，可能还需要按照某种模式查找，比如 JSON 的解析，其实也是匹配某种模式。后来人们发展出一些规范的表达方法，来表达不同的字符串模式，便于查找匹配。

正则表达式（Regular Expression）定义了一种文本搜索模式。正则表达式在文本搜索编辑的场景中很有用处。

正则表达式并不是 Python 发明的，可以说很久很久以前就出现了。后来随着 UNIX 普及开。它从左往右逐个字符扫描文本，找到匹配的模式，继续往下扫描，模式可以使用一次或者多次。

实际上正则表达式经常被使用到。一个例子就是在命令窗口执行命令 dir *.txt 或者 dir test?.txt 就可以找出符合这个模式的文件来。

Python 从 1.5 版本开始就支持正则表达式了，下面看一个例子：

```
import re

print(re.match('www', 'www.google.com'))
print(re.match('google', 'www.google.com'))
```

执行输出：

```
<re.Match object; span=(0, 3), match='www'>
None
```

说明第一个语句匹配上了，而第二个语句没有匹配上。

re.match 尝试从字符串的起始位置匹配一个模式，匹配成功 re.match 方法返回一个匹配的对象，否则返回 None。函数的格式为：re.match(pattern, string, flags=0)，其中标志位用于控制正则表达式的匹配方式，如是否区分大小写、多行匹配等。re.search 扫描整个字符串并返回第一个成功的匹配。并不是只从起始位置开始匹配。如上面的代码改成 search()后的结果是：

```
<re.Match object; span=(0, 3), match='www'>
<re.Match object; span=(4, 10), match='google'>
```

可以使用 group(num) 或 groups() 匹配对象函数来获取匹配表达式。举例如下：

```
sentence = "I am a programmer."
matchObj = re.match( r'(.*) am (.*?) (.*)', sentence)

if matchObj:
    print ("matchObj.group() : ", matchObj.group())
```

```
        print ("matchObj.group(3) : ", matchObj.group(3))
    else:
        print ("No match!!")
```

匹配的结果有三段，第三段代表职业（注意下标为 3，因为规定 0 是特殊的），要识别职业。结果如下：

```
matchObj.group() :   I am a programmer.
matchObj.group(3) :   programmer.
```

这是简单的写法，不过这种写法性能不好，无法重用 pattern 对象。如果只用一次，可以这样简写。

compile 函数用于编译正则表达式，生成一个正则表达式（Pattern）对象，供 match() 和 search() 这两个函数使用。上例可以修改如下：

```
pattern=re.compile(r'(.*) am (.*?) (.*)' )
sentence = "I am a programmer."
matchObj = pattern.search( sentence)
```

findall(string[, pos[, endpos]])在字符串中找到正则表达式所匹配的所有子串，并返回一个列表。

finditer(pattern, string, flags=0)和 findall 类似，在字符串中找到正则表达式所匹配的所有子串，并把它们作为一个迭代器返回。

如：

```
pattern = re.compile(r'\d+')    # 查找数字
result1 = pattern.findall('abc 123 def 456')
```

结果返回['123', '456']

如：

```
sentence="This   is      an example string."
pattern=re.compile(r'\w+')
it = pattern.finditer(sentence)
for match in it:
    print (match.group() ,match.start(),match.end())
```

结果返回：

```
This 0 4
is 6 8
an 12 14
example 15 22
string 23 29
```

看一个识别数值的例子：

```
pattern=re.compile(r'^\d+(\.\d+)?')
sentence = "5.67"
```

```
matchObj = pattern.search(sentence)

if matchObj:
    print ("matchObj.group() : ", matchObj.group())
else:
    print ("No match!!")
```

运行结果：

```
matchObj.group() :   5.67
```

模式^\d+(\.\d+)?代表的是以一个或多个数字开头后面可以跟一个小数点，之后再跟一个或多个数字。所以 5.67、5、3.5 都符合，但是.35 或者 1.2.3 不符合。

再详细解释一下上面的模式串^\d+(\.\d+)?，分成以下几段。

- ^，这是一个标记，规定文本要以后面的段开头。
- \d+，\d 表示的是数字，+表示一个或者多个。结合前面的^，即规定了文本要以一个或多个数字开头。
- (\.\d+)，()括号本身不是用来搜索的，只是给模式串分段的，表示里面的内容构成一个段。\.表示的是小数点，\d 表示的是数字，+表示一个或者多个。整个段合在一起表示以小数点打头，后面有一个或多个数字。
- ?，这是一个标记，表示前面的段是可选项，可以出现，也可以不出现。结合前面的段，表示小数点及数字可以有，也可以没有。所以能同时匹配 5.67 和 5 两种情况。

下面是一个识别 IP 地址的例子：

```
pattern=re.compile(r'^\d{1,3}\.\d{1,3}\.\d{1,3}\.\d{1,3}$')
```

这个模式串^\d{1,3}\.\d{1,3}\.\d{1,3}\.\d{1,3}$比较简单，就是由点号分隔开的四段数字，每段数字是 1～3 位数。

再看一个：

```
pattern = re.compile(r'[\u4e00-\u9fa5]+')
```

模式串[\u4e00-\u9fa5]表示字符集合，\u4e00-\u9fa5 代表 Unicode 编码中的中文范围，所以这个模式串代表的是匹配中文。

从上面简单的例子，可以感受到正则表达式的功用，在对文本的查找处理时非常有用，各类词法分析中都要用。文本编辑器、搜索引擎、开发环境、编译器或者解释器都是要用到的。

它的正式的定义后面会讲到。

上面是一个个孤立的例子，那么有没有一个完整的清单让人了解如何写这些模式？有，但是并没有一个唯一的标准，实现过程中有不同的文法。现在比较广泛使用的有 POSIX 标准和 Perl 文法。

5.7.2 正则解释器

不同的语言使用的正则文法有差别，下面列出一些常用的基本构造。

字符和特殊字符\。

- x，代表字符 x。
- \\，代表反斜杠。
- \uhhhh，代表十六进制，0xhhhh 代表字符。
- \n，代表新行('\u000A')。

字符集合。

- [abc]，代表 a、b、c。
- [^abc]，代表任意字符，除了 a、b、c（这是一个反向声明）。
- [a-zA-Z]，代表 a～z 或者 A～Z（字符范围）。
- [a-z&&[def]]，代表 d、e、f（交集）。
- [a-z&&[^bc]]，代表 a～z，除了 b 和 c: [ad-z]。
- [a-z&&[^m-p]]，代表 a～z，除了 m～p: [a-lq-z]。

特殊字符集合。

- .，代表任意字符。
- \d，代表数字: [0-9]。
- \D，代表非数字: [^0-9]。
- \s，代表空格符号: [\t\n\x0B\f\r]。
- \S，代表非空白符号 r: [^\s]。
- \w，代表单词: [a-zA-Z_0-9]。
- \W，代表非单词: [^\w]。

边界指示。

- ^，代表一行行首。
- $，代表一行行尾。
- \b，代表单词边界。
- \B，代表非单词边界。

通配符。

- X?，代表 X，一次或者没有。
- X*，代表 X，0 次或者多次。
- X+，代表 X，1 次或者多次。
- X{n}，代表 X，*n* 次。
- X{n,}，代表 X，至少 *n* 次。
- X{n,m}，代表 X，至少 *n* 次最多不超过 *m* 次。

逻辑指示。

- XY，代表 X 后面跟着 Y。
- X|Y，代表 X 或 Y。
- (X)，代表 X，作为一组。

下面举例说明，进一步加深了解。

5.7.3 正则表达式的应用

尝试验证身份证号码。这在实际场景中很常见。身份证号码由 15 位或者 18 位数字组成（严格地说，18 位的最后一位可以是 X 校验符），分成几段，第一段是地区，6 位数字，后面一段生日 YYMMDD 或 YYYYMMDD 格式，最后一段是 3 位数字，如果是 18 位的号码，最后有一个校验位数字或者 X。

pattern=re.compile(r'^(\d{6})(18|19|20)?(\d{2})([01]\d)([0123]\d)(\d{3})(\d|X|x)?$')

将上述式子拆开来看，分成如下几段。

- ^(\d{6})，以六位数字开头。
- (18|19|20)?，一个可选的段，对于 18 位的号码，YYYY 的前两个 Y。
- (\d{2})，生日的年份，YYYY 的后两个 Y。
- ([01]\d)，两位月份，01、02、…、09、10、11、12。所以第一位是 0 或 1。
- ([0123]\d)，两位日期，第一位只会出现 0、1、2、3 四个数字，第二位随意。
- (\d{3})，这一段是三个数字。
- (\d|X|x)?$，以这一段结尾，这一段是一位数字或者是 X 字符，?表示这一段可选。

上面的表达式是一个基本达到实用程度的模式串了，能够初步过滤掉明显有问题的身份证号码。

再看一个邮件格式校验的例子。这个也是实战常见的场景。邮件的格式是由@分成的两部分，后一部分是由点号分隔的多段，名字可以出现字母、数字和特定的字符，如_、-之类。

pattern=re.compile(r'[\w|.|-]+@(([a-zA-z0-9]-*){1,}\.){1,3}[a-zA-z\-]{1,}')

将上述式子拆开来看，分成如下几段。

- [\w|.|-]+，这是邮件名，由\w.和-符号组成，\w 就是字母数字和_。
- @，这是邮件分隔符号。
- (([a-zA-z0-9]-*){1,}\.){1,4}，一个或者最多四个域名字段，字段里面是字母数字和-。
- [a-zA-z\-]{1,}，最后一节域名字段，一个以上的字母及-。

通过上面的例子，可以看出同一个规则可以有不同的方式表达，如\w 就与[a-zA-z0-9]是等效的，[a-zA-z\-]{1,}与[a-zA-z-]+也是等效的。

再来看一个识别<font>的程序。这段程序的目的是从 HTML 文本中识别出<font>标签，并读出标签中的属性。

```
sentence="<font face=\"Arial\" size=\"2\" color=\"red\">"
pattern=re.compile(r'<\s*font\s*([^>]*)\s*>')

it = pattern.finditer(sentence)
for match in it:
    print (match.group() )
    pattern2=re.compile(r'([a-zA-Z]+)\s*=\s*\"([^\"]+)\"')
    it2 = pattern2.finditer(match.group())
    for match2 in it2:
        print (match2.group(0))
        print (match2.group(1),match2.group(2))
```

简单解释一下，文本是<font face="Arial" size="2" color="red">。模式串是<\s*font\s*([^>]*)\s*>，还是用前面的办法，拆分段。

- **<，这是 HTML 标签的开头字符。**
- **\s*，后面可以跟多个空字符，\s 与[\f\n\r\t\v]等效。**
- **font，这一段标识 font 标签。**
- **\s*，可以跟多个空字符。**
- **([^>]*)，多个任意字符，除了>，到了>就表示结束了。**
- **\s*，又可以跟多个空字符。**
- **>，这是 HTML 标签的结尾字符。**

这个模式串中并没有处理 face="Arial" size="2" color="red"的模式，而是把它们看成一个整体，之后再细分。

代码中使用了 finditer() 语句找符合模式的部分，然后由 group() 语句读出内容。finditer()会按照模式把匹配的内容都找出来，按照组分开存放，下标从 1 开始，而规定 group(0)表示全部内容。比如用 group(0)得到的结果是<font face="Arial" size="2" color="red">，而 group(1)得到的结果是 face="Arial" size="2" color="red"。这个结果的理解要回到模式<\s*font\s*([^>]*)\s*>，其中有一段([^>]*)，这个就是分组，整个模式串中也只有这一个组，所以就得到了这个结果。

拿到了这组的内容 face="Arial" size="2" color="red"后，要继续模式匹配。于是使用了一个新的模式串([a-zA-Z]+)\s*=\s*"([^"]+)"，还是拆分看一下。

- **([a-zA-Z]+)，这是一个或多个字母。**
- **\s*，随意个数空字符。**
- **=，分隔符。**
- **"，双引号开始，引号之间是值。**
- **([^"]+)，除了双引号之外的任意多个字符。**
- **"，双引号结尾。**

按照这个模式，finditer()就能找到三个匹配的串，face="Arial"，size="2"，以及 color="red"。由于给这个模式中建了两个组([a-zA-Z]+)和([^"]+)，所以 match2.group(1)和 match2.group(2)将会把 key（如 face、value、Arial）取出来。

运行上面的程序，结果为：

```
<font face="Arial" size="2" color="red">
face="Arial"
face Arial
size="2"
size 2
color="red"
color red
```

这只是 HTML 一个标签的解析，由此扩展，把 HTML 的各个标签都列出一个模式，就可以对 HTML 文本进行解析了。

除了匹配，还可以进行查找替换操作。下面有一个例子，代码如下：

```
sentence="This    is      an example string."
pattern=re.compile(r'\s+')
s=pattern.sub(" ",sentence)
print(s)
```

通过\s+匹配所有空格字符，包括空格制表等符号，统一用空格替换。

从应用来讲，Python 中的正则表达式基本用法就是这样的，读者可以找任务自己练习，练得多了就熟悉了。

下面，简单地阐述一下原理，并初步了解如何分析正则表达式，进一步理解如何进行词法分析，为今后实现更大的任务做准备。

正则表达式是有严格的定义的，一般采用递归定义如下。

对给定的有限字母表Σ，下面的常量定义为正则表达式。

空集：∅。

空串：ε。

字母：a in Σ。

对于正则表达式 R 和 S，运用下面的规则也产生正则表达式。

连接：RS，例如，R = {"ab"，"c"}, S = {"d", "ef"}，那么，RS = {"abd", "abef", "cd", "cef"}。

选择：R | S，这是 R 和 S 的并集。例如，R={"ab", "c"} 和 S={"ab", "d", "ef"}， 那么 R | S = {"ab", "c", "d", "ef"}。

：R，这是由 R 中的元素按照任意数量组合而成的集合。例如，{"ab", "c"}* = {ε, "ab", "c", "abab", "abc", "cab", "cc", "ababab", "abcab", … }。

例子：

```
a|b* = {ε, "a", "b", "bb", "bbb", ...}
(a|b)* = {ε, "a", "b", "aa", "ab", "ba", "bb", "aaa", ...}
ab*(c|ε) = {"a", "ac", "ab", "abc", "abb", "abbc", ...}
(0|(1(01*0)*1))* = { ε, "0", "00", "11", "000", "011", "110", "0000", "0011", "0110", "1001",
"1100", "1111", "00000", ... }
```

有了这个文法的定义，如何构造一个机制来识别某个串是否属于这个语言集合呢？理论上会用到状态自动机。如：

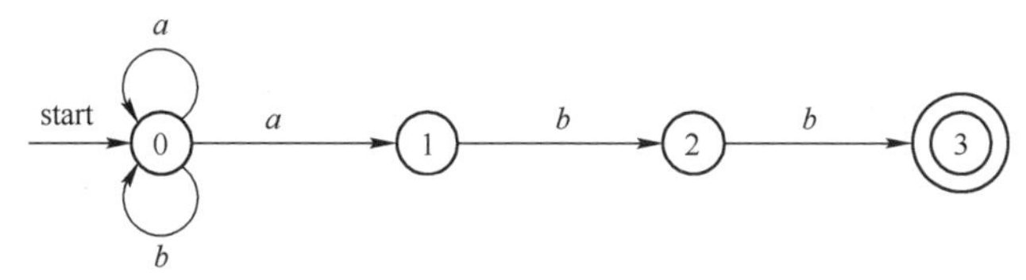

这个自动机就可以识别 L((a|b)*abb) 这种正则语言。判断方法就是把字符串的一个个字符输进去，看是否能走到最后的接收状态，能走到最后就是属于该语言，不能则不属于。

1）一个有限的状态集合 S；其中，一个状态 S0 被指定为开始状态，也就是最开始接受输入字符的状态，有且只有一个；S 的一个子集 F 被指定为终止状态集合。

2）一个输入符号集合Σ，即输入字母表（Input Alphabet）。

3）一个转换函数 T（Transition Function），为每个状态和Σ中的每个符号都给出了相应的后续状态（Next State）。

正则表达式方便人理解，而自动机更方便算法构造。对于每个正则表达式，都有一个自动机与之对应（如 Tompson 算法）。这些是自己做正则引擎的基础。

这样就从简单的正则表达式出发，逐步深入了解了复杂一点的用法，又进一步了解了词法分析的理论和自动机。这种逐渐扩展的思路，是掌握技术的好方法。在学习技术时，不要拘泥于眼前的小技巧、小景象，需要登高望远，见微知著。

第 6 章

数 据 结 构

学到这里，已经了解的编程知识都是对数据的操作，现在开始研究数据本身。

前面提到过数据之间是有结构的，结构按照数据之间的关系分成 1 对 1、1 对 N、N 对 N 的关系。

这些知识涉及编程最核心的内容，即结构+算法。

数据结构和算法不仅要学习，读程序，更重要的是要自己动手编写程序，重新去实现。只有到了代码这个层面，才算真正明白了算法。

6.1 Python 的序列

6.1.1 ArrayList 和 LinkedList 操作

序列是数据之间最简单的一种组合，数据一个接着一个线性排列。

Python 内置了序列，当用 a=[]时就在内部产生了序列，对序列的操作包括按位置读数、迭代、查找、删除、增加，更新。Python 本身提供的序列是强大的复合结构，包含了不同的类型。为了学习，这里不直接使用 Python 提供的序列，而是自己写，重新造轮子。

这里打算提供两种不同类型的序列，一种是类似于数组，可以按照下标查找的序列，可以叫它 ArrayList；还有一种是链表，可以叫它 LinkedList。这两种类型各有优势，一种是查找速度快，另一种是增加、删除速度快。

用面向对象的方法实现这些数据结构特别合适，因为一个数据结构包含数据和基于它的各种操作，自成体系，可以用一个类把它们包在一起，对外统一提供服务。

Python 提供了一个最基础的类 object，可以继承 object，它提供了一些最基本的方法。如'__delattr__'、'__doc__'、'__format__'、'__getattribute__'、'__hash__'、'__init__'、'__module__'、'__new__'、'__repr__'、'__setattr__'、'__sizeof__'、'__str__'、'name'等。

这里自定义的 ArrayList 类具有如下功能。

- 添加元素：add(object)。
- 根据位置删除某个元素：removebyindex(index)。
- 删除某个元素：removebyobject(object)。
- 根据位置获取某个元素：get(index)。
- 实现迭代器，可以遍历列表。
- 获取列表大小：sizeof()。

- 判断列表是否为空：isempty()。
- 清空：clear()。

当然还有默认的__str__和__eq__。

那么设计一个类时，究竟需要提供哪些方法呢？有什么原则吗？人们在实践中提出了一些准则，第一个是内聚性，类中的属性和方法必须都是与这个类有关的，不允许出现不相干的属性和方法；第二个是完备性，也就是说对数据的操作是完整的，不可缺少某种必要的操作，最基本的操作是创建、添加、查找、修改、删除；第三个是正交性，即方法之间不要有互相影响的副作用。

6.1.2 首先是 ArrayList

ArrayList 类内部使用了 self.elementdata=[None]*8 列表来记录数据，初始化时有 8 个空位、记录 ArrayList 最大容量的属性 self.capacity、记录元素个数的属性 self.size。Size 超出最大容量后，可以扩容，增加一倍的空间。

如何添加一个新元素 o，核心就是在最后一个元素后面增加这个新元素，并维护新的 size。由于 size 可能超过了数组的容量 capacity，所以要考虑空间不足时扩容，程序片段如下：

```
if self.size>=self.capacity:
    self.resize()
index=self.size
self.elementdata[index]=o
self.size+=1
return index
```

而在删除某个元素时，要把此元素位置之后的元素都移位置，代码片段如下：

```
for i in range(idx,self.size):
    self.elementdata[i]=self.elementdata[i+1]
self.size-=1
```

完整程序如下：

```
class ArrayList(object):
    def __init__(self):
        self.capacity=8
        self.elementdata=[None]*8
        self.size=0
        self.currentidx=-1
    def __eq__(self, list1):
        if self.size==list1.sizeof():
            for i in range(0,self.size):
                if self.elementdata[i]!=list1.get(i):
                    return False
            return True
        else:
```

```
                return False
        def __str__(self):
            s="["
            for i in range(0,self.size):
                s += "\""+self.elementdata[i]+"\","
            return "ArrayList:"+s.rstrip(",")+"]"
        def resize(self):
            for i in range(0,self.capacity):
                self.elementdata.append(None)
            self.capacity *= 2
        def add(self,o):
            if self.size>=self.capacity:
                self.resize()
            index=self.size
            self.elementdata[index]=o
            self.size+=1
            return index
        def get(self,idx):
            return self.elementdata[idx]
        def sizeof(self):
            return self.size
        def isempty(self):
            return True if self.size==0 else False
        def clear(self):
            self.size=0
        def removebyindex(self,idx):
            for i in range(idx,self.size):
                self.elementdata[i]=self.elementdata[i+1]
            self.size-=1
        def removebyobject(self,o):
            for i in range(0,self.size):
                if self.get(i)==o:
                    self.removebyindex(i)
                    break
        def __iter__(self):
            return self
        def __next__(self):
            self.currentidx+=1
            if self.currentidx<self.size:
                return self.elementdata[self.currentidx]
            raise StopIteration()
```

这里把 ArrayList 本身当成迭代器，按照 Python 规定，提供__iter__和__next__方法，对象内部属性 self.currentidx 是给迭代器使用的，记录当前迭代器指向的位置。

有了这个类，就可以使用了，示例：

```
    al = ArrayList()
```

```
al.add("test1")
al.add("test2")
al.add("test3")
al.add("test4")
print(al)
print(al.sizeof())

al.removebyindex(2)
al.removebyobject("test")
for i in range(0,al.sizeof()):
    print(al.get(i))

al.add("test5")
al.add("test6")
al.add("test7")
al.add("test8")
al.add("test9")
al.add("test10")
al.add("test11")
for e in al:
    print(e)
al.clear()
print(al.isempty())
al1=ArrayList()
al2=ArrayList()
al1.add("test1")
al2.add("test1")
print(al1==al2)
```

程序中进行了 ArrayList 清空及两个 ArrayList 判断相等操作，结果如下：

```
ArrayList:["test1","test2","test3","test4"]
4
test1
test2
test4
test1
test2
test4
test5
test6
test7
test8
test9
test10
test11
True
```

```
True
```

6.1.3 接下来是 LinkedList

第二种序列是链表，试着去实现一个 LinkedList，它实现的基础是双向链表，因此在插入、删除方面具有性能优势，它也可以用来实现 stack 和 queue。

从概念上，LinkedList 主要有三个属性：

```
size
first
last
```

也就是通过一个链表把 size 个 Node 从头串到尾。而 Node 就是一个类的节点包装类，有 item、prev 和 next。图示如下。

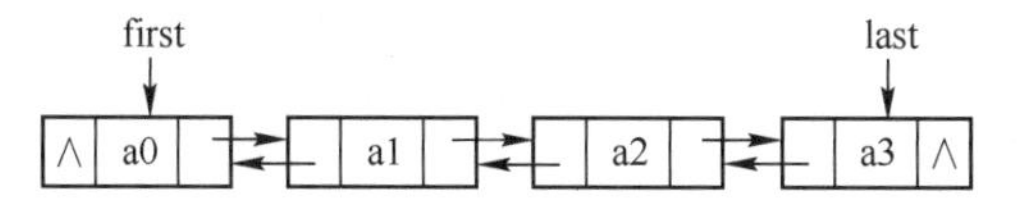

LinkedList 基本方法也是增、删、改、查、迭代，见下表。

	第一个元素（头）	最后一个元素（尾）
插入	addFirst(e)	addLast(e)
删除	removeFirst()	removeLast()
获取	getFirst()	getLast()

如果把它看成先进先出（FIFO）的，就成了一个队列（Queue）了。

Queue 方法	等价的 LinkedList 方法
offer(e)	addLast(e)
poll()	removeFirst()
peek()	getFirst()

如果把它看成先进后出（FILO）的，那就成了一个栈（Stack）。

Stack 方法	等价的 LinkedList 方法
push(e)	addFirst(e)
pop()	removeFirst()
peek()	getFirst()

对链表的实现，主要看如何增加一个新元素，如何删除一个元素。

比如，想在链表尾部增加一个新元素，根据上面链表的结构，就需要找到 last 节点，将 last 节点的 next 指向这个新节点，同时将新节点的 prev 指向 last 节点。代码片段如下：

```
self.last.next=n
            n.prev=self.last
            self.last=n
```

再比如，想删除某个节点，根据链表结构，就要把该节点的 prev 节点和 next 节点直接连起来就可以了。代码片段如下：

```
node.prev.next=node.next
node.next.prev=node.prev
```

这里引出了一个有趣的问题，这个被删除的节点去了哪里？这里涉及了垃圾回收的概念，Python 会记录每一个对象的引用次数，当引用次数为 0 时，Python 认为这个对象就无用了，会把它回收掉。

完整代码如下：

```
class Node(object):
    def __init__(self):
        self.item=None
        self.prev=None
        self.next=None

class LinkedList(object):
    def __init__(self):
        self.size=0
        self.first=None
        self.last=None
        self.currentnode=None
    def __eq__(self, list1):
        if self.size==list1.sizeof():
            selfnode=self.first
            list1node=list1.first
            while (not selfnode is None) and (not list1node is None) and selfnode.item==list1node.item:
                selfnode = selfnode.next
                list1node = list1node.next
            if selfnode is None and list1node is None:
                return True
            else:
                return False
        else:
            return False
    def __str__(self):
        selfnode=self.first
        s="["
        while selfnode!=None:
            s += "\""+selfnode.item.__str__()+"\","
            selfnode = selfnode.next
        return "LinkedList:"+s.rstrip(",")+"]"
    def addFirst(self,e):
        n = Node()
        n.item=e
        n.prev=None
```

```
        if not self.first is None:
            self.first.prev=n
            n.next=self.first
            self.first=n
        else:
            self.first=n
            self.last=n
        self.size+=1
    def addLast(self,e):
        n = Node()
        n.item=e
        n.next=None
        n.prev=None
        if not self.last is None:
            self.last.next=n
            n.prev=self.last
            self.last=n
        else:
            self.first=n
            self.last=n
        self.size+=1
    def add(self,e):
        self.addLast(e)
    def removeFirst(self):
        if not self.first is None:
            self.first=self.first.next
        if self.first is None:
            self.last=None
        self.size-=1
    def removeLast(self):
        if not self.last is None:
            self.last=self.last.prev
        if self.last is None:
            self.first=None
        self.size-=1
    def getFirst(self):
        if not self.first is None:
            return self.first.item
        else:
            return None
    def getLast(self):
        if not self.last is None:
            return self.last.item
        else:
            return None
    def get(self,idx):
```

```
        i=0
        if self.first is None or idx>=self.size:
            return None
        else:
            node=self.first
            while not node is None:
                if i==idx:
                    return node.item
                else:
                    i+=1
                    node=node.next
            return None
    def getbyobject(self,e):
        if self.first is None:
            return None
        else:
            node=self.first
            while not node is None:
                if node.item==e:
                    return node.item
                else:
                    node=node.next
            return None
    def removebyobject(self,e):
        if self.first is None:
            return None
        else:
            node=self.first
            while not node is None:
                if node.item==e:
                    if not node.prev is None:
                        node.prev.next=node.next
                    if not node.next is None:
                        node.next.prev=node.prev
                    self.size-=1
                    return node.item
                else:
                    node=node.next
            return None
    def sizeof(self):
        return self.size
    def isempty(self):
        return True if self.size==0 else False
    def clear(self):
        self.size=0
        self.first=None
```

```
        self.last=None
    def __iter__(self):
        return self
    def __next__(self):
        if self.currentnode is None and not self.first is None:
            self.currentnode=self.first
            return self.currentnode.item
        else:
            self.currentnode=self.currentnode.next
            if not self.currentnode is None:
                return self.currentnode.item
        raise StopIteration()
```

测试一下：

```
list=LinkedList()
list.add("test1")
list.add("test2")
list.add("test3")
list.add("test4")
print(list)
list.removeFirst()
print(list)
print(list.get(1))
print(list.getbyobject("test"))
print(list.getFirst())
for e in list:
    print(e)
list.addFirst("test5")
list.addFirst("test6")
list.addFirst("test7")
list.addFirst("test8")
list.clear()
print(list.isempty())
al1=LinkedList()
al2=LinkedList()
al1.add("test1")
al2.add("test1")
print(al1==al2)
```

程序中用到了添加、删除、打印、迭代、判断相等和清空，结果如下：

```
LinkedList:["test1","test2","test3","test4"]
LinkedList:["test2","test3","test4"]
test3
None
test2
test2
```

```
test3
test4
True
True
```

从这个实现可以看出，如果按照位置索引进行查找，ArrayList 快很多，它能直接定位，而 LinkedList 需要从头找到尾，如果是在中间插入和删除，LinkedList 快很多，因为它只需要把前后的指针连接就可以了，而 ArrayList 需要挪动后续元素的位置，会比较费时费力。

读者有兴趣的话可以自己写一个性能测试程序。

6.2 关于栈——先进后出

栈是一种特殊的序列，它遵循后进先出或先进后出的原则。可以想象一根水管，水从一头进从另一头出，自然就是先进去的水也会先流出来。那如果把这根水管的一端堵住，水流进去后，再流出来的时候就是最后进去的水最先流出来。

刚才讲链表结构时曾提到，链表可以模拟一个栈。

Stack 方法	等价的 LinkedList 方法
push(e)	addFirst(e)
pop()	removeFirst()
peek()	getFirst()

也可以简单地重新实现它：

```
class Node(object):
    def __int__(self):
        self.item=None
        self.prev=None
        self.next=None

class Stack(object):
    def __init__(self):
        self.size=0
        self.first=None
        self.last=None
    def __eq__(self, list1):
        if self.size==list1.sizeof():
            selfnode=self.first
            list1node=list1.first
            while selfnode!=None and list1node!=None and selfnode.item==list1node.item:
                selfnode = selfnode.next
                list1node = list1node.next
            if selfnode==None and list1node==None:
                return True
            else:
```

```
                return False
        else:
            return False
    def __str__(self):
        selfnode=self.first
        s="["
        while selfnode!=None:
            s += "\""+selfnode.item+"\","
            selfnode = selfnode.next
        return "LinkedList:"+s.rstrip(",")+"]"
    def push(self,e):
        n = Node()
        n.item=e
        n.prev=None
        n.next=None
        if self.first!=None:
            self.first.prev=n
            n.next=self.first
            self.first=n
        else:
            self.first=n
            self.last=n
        self.size+=1
    def pop(self):
        if self.size==0:
            return None
        e = self.first.item
        self.first=self.first.next
        if self.first==None:
            self.last=None
        self.size-=1
        return e
    def peek(self):
        if self.first!=None:
            return self.first.item
        else:
            return None
    def sizeof(self):
        return self.size
    def isempty(self):
        return True if self.size==0 else False
    def clear(self):
        self.size=0
        self.first=None
        self.last=None
```

6.3 括号如何匹配

利用栈这种后进先出的特点，有些任务非常简单了，比如括号匹配。假设规定有三种括号{}、[]、()，必须成对出现，并且必须按照次序成对，不允许[{)}这种情况。现在编写一个程序来判断有没有成对。

其实思路很简单，利用一个栈实现。一个括号一个括号地处理，遇到{、[、(就进栈，遇到}、]、)就把栈中的元素弹出。因为栈是 LIFO 的，所以如果遇到的这个右括号跟栈中要弹出的这个左括号不是一对，说明出了错。或者栈中还有括号而程序后面已经没有括号了，也说明出了错。反过来栈中没有括号而程序后面还有括号，一样是出了错。

先手工演练一下，对字符串：[(){()}]看如何一步步匹配。

1）起初，字符为空，栈也为空。

2）读取第 1 个字符[，辨别它是左括号，直接进栈，图示如下。

[

3）第 2 个字符为(，也是左括号，直接进栈，图示如下。

(
[

4）第 3 个字符是)，辨别它是右括号，弹出栈中最上面那个元素，检查一下，匹配成功，图示如下。

[

5）第 4 个字符为{，也是左括号，直接进栈，图示如下。

{
[

6）第 5 个字符是(，也是左括号，直接进栈，图示如下。

(
{
[

7）第 6 个字符是)，是右括号，弹出栈中最上面那个元素，检查一下，匹配成功，图示如下。

{
[

8）第 7 个字符是}，是右括号，弹出栈中最上面那个元素，检查一下，匹配成功，图示如下。

[

9）第 8 个字符是]，是右括号，弹出栈中最上面那个元素，检查一下，匹配成功。

栈空了，字符串也读取完毕。所以判断匹配成功。

匹配过程中如果有任何不一样的字符，与栈中元素无法匹配，就判断出错。或者是最后栈中还有元素而字符串已经没有字符了，说明匹配失败。

有了这个思路，程序就不难编写了：

```
inputstring="[(){()}]"
openleft = ["(","[","{"]
openright = [")","]","}"]

stack = []
idx=0
error=0
for idx in range(0,len(inputstring)):
    x=inputstring[idx]
    if x in openleft:
        stack.append(x)
    elif x in openright and len(stack) > 0:
        tempvar2 = stack.pop()
        pos1 = openright.index(x)
        pos2 = openleft.index(tempvar2)
        if pos1 != pos2:
            error=1
            break
    else:
        error=1
        break

if error==1:
    print("Unbalanced")
elif idx==len(inputstring)-1 and len(stack)==0:
    print("Balanced")
else:
    print("Unbalanced")
```

6.4 数学表达式解析

6.4.1 计算机读取数学表达式

先乘除，后加减，这是算术表达式的计算规则。人们一看到 12+3*4-10+9，就能很自然地先计算 3*4。那人的头脑中是如何处理的呢？

人一眼能看完这个算术表达式，会正确分割里面的 token，比如能把 12+3*4-10+9 拆分成 12、+、3、*、4、-、10、+、9 这 9 个 token。但是假设人的眼睛一次只能看到这个字符串最前面的一个字符，那该怎么办呢？得有办法一个字符一个字符去处理。

实际上计算机就是这样一个字符一个字符处理的。

对计算机来讲，它先看到的是第一个字符 1，然后继续往下读下一个字符，目的是要拿到一个完整的数 12。程序是通过一个循环一直读到分隔符为止，这时才能确定已经把这个完整的数读完了。

然后要能识别出运算符，最少有+、−、×、÷四个运算符。

当这些 token 全部识别出来后，要进行计算。这里要解决的是这些运算符之间不是平等的，而是有优先级的。也就是说，当拿到 12+3 这三个 token 时，不能贸然相加，因为后面可能跟着乘除，所以还要继续往前读 token。

6.4.2 获取操作数与操作符序列

一步一步来。先编写一个函数读数。

```
def getnumber(i,s):
    d = ""
    while s[i] in ["1","2","3","4","5","6","7","8","9","0"]:
        d = d + s[i]
        i = i+1
        if i == len(s):
            break
    return d
```

函数接收两个参数 i 和 s，代表从位置 i 开始在串 s 中读取一个完整的数。程序主体是一个循环，一直读到不是数字为止。从这里可以看出，这个程序处理不了实数，只能处理正整数。

有了这个函数，就把字符串标成 token 串了。接下来如何处理呢？可以使用两个 Stack，一个记住操作数，一个记住操作符。

还是用图示来对 9 个 token 组成的串 12+3*4−10+9 进行说明。

1）初始时，操作数栈和操作符栈都是空的。

读取第一个 token：12，这是一个操作数。现在没办法做任何处理，所以将其放入操作数栈中，图示如下。

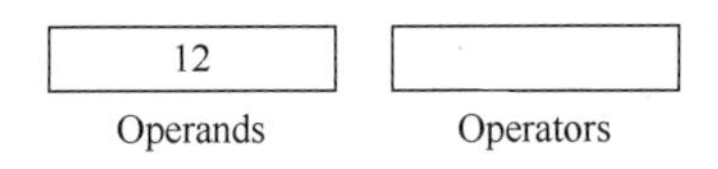

2）读取下一格 token，是+，这是一个操作符。这时，看到操作符栈中是空的，把+放入栈中。图示如下。

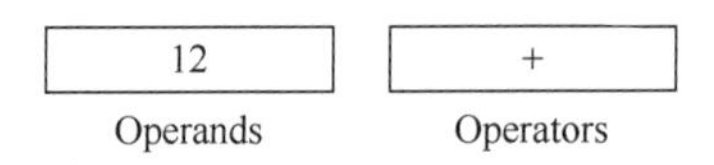

3）接下来读到 3，这是一个操作数。现在没办法做任何处理，所以将其放入操作数栈中，图示如下。

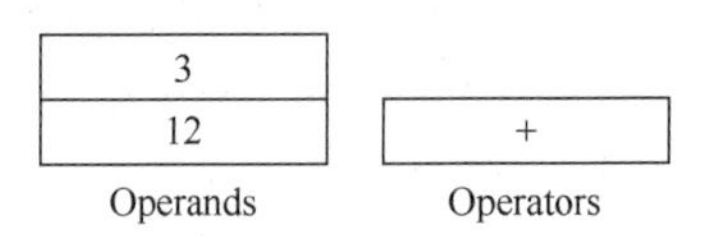

4）下一个 token 是*，这是一个操作符。这时，可以看到操作符栈中是+，而当前这个操作符*比+的优先级高，所以还是把*放入栈中，图示如下。

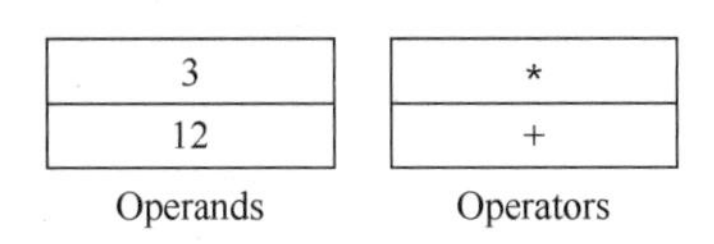

5）下一个 token 是 4，这是一个操作数。现在没办法做任何处理，所以将其放入操作数栈中，图示如下。

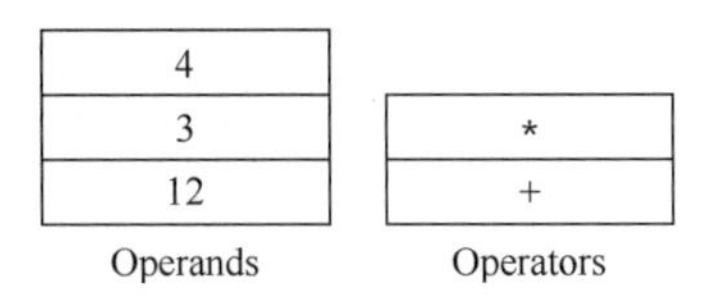

6）下一个 token 是-，这是一个操作符。这时，可以看到操作符栈中是*，而当前这个操作符-比*的优先级低，所以可以进行计算了（术语叫归约），即从操作数栈中弹出两个操作数 4 和 3，从操作符栈中弹出一个操作符*，进行计算，得到 12，然后把得数 12 压栈，图示如下。

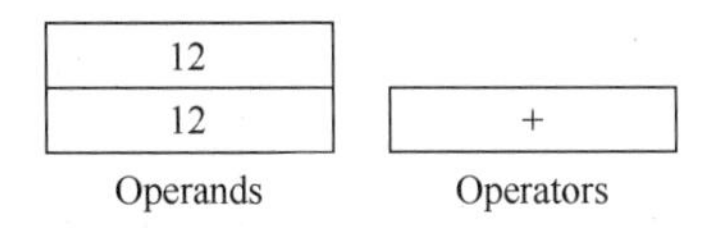

7）继续用当前操作符-与栈中的操作符进行比对，看到操作符栈中是+，而当前这个操作符-与+的优先级一样，所以可以进行计算了，即从操作数栈中弹出两个操作数 12 和 12，从操作符栈中弹出一个操作符+，进行计算，得到 24，然后把得数 24 压栈，图示如下。

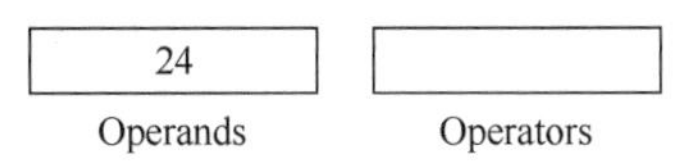

8）现在操作符栈中空了，所以把当前的操作符进栈，图示如下。

24	−
Operands	Operators

9）下一个 token 是 10，这是一个操作数。现在没办法做任何处理，所以将其放入操作数栈中，图示如下。

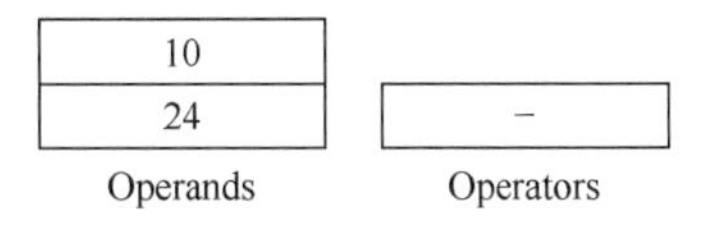

10）下一个 token 是+，这是一个操作符。这时，看到操作符栈中是-，而当前这个操作符+与-优先级一样，所以可以进行计算了，即从操作数栈弹出两个操作数：10 和 24，从操作符栈弹出一个操作符：-，进行计算，得到 14，然后把得数 14 压栈，图示如下。

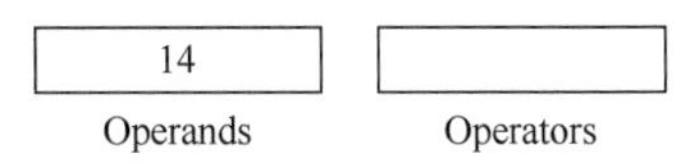

11）下一个 token 是+，这是一个操作符。这时，看到操作符栈中是空的，把+放入栈中。图示如下。

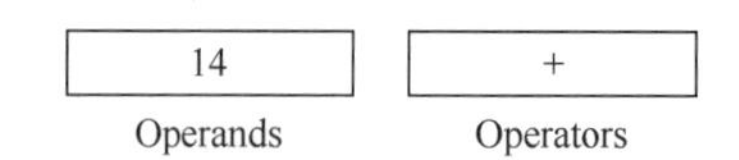

12）下一个 token 是 9，这是一个操作数。现在没办法做任何处理，所以将其放入操作数栈中，图示如下。

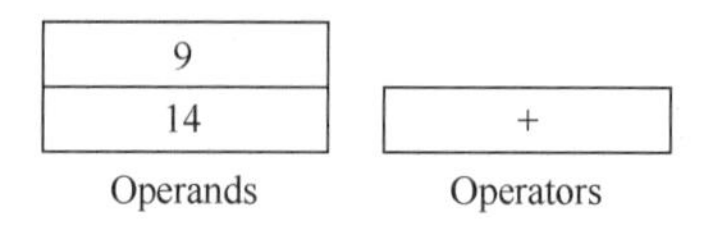

13）全部的 token 读取完毕。现在要把栈中的继续归约。从操作数栈弹出两个操作数：9 和 14，从操作符栈弹出一个操作符：+，进行计算，得到 23，然后把得数 23 压栈，图示如下。

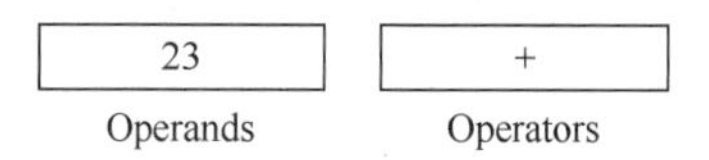

现在栈中也归约完毕了。

这样，操作数栈中的数就是表达式最后的结果。

接下来动手编程序。先实现把字符串变成 token 串：

```
import re
def getnumber(i,s):
    operands = ["1","2","3","4","5","6","7","8","9","0"]
    returnstr = ""
    while s[i] in operands:
        returnstr += s[i]
        i += 1
        if i >= len(s):
            break
    return returnstr
def tokenize(inputstr):
    operands = ["1","2","3","4","5","6","7","8","9","0"]
    operators = ["+","-","*","/"]
    list = []
    #remove all blanks
    pattern=re.compile(r'\s+')
    newstr=pattern.sub("",inputstr)
    i = 0
    while i < len(newstr):
        c = newstr[i]
        if c in operands:
            num = getnumber(i,newstr)
            list.append(num)
            i += len(num)
        elif c in operators:
            list.append(c)
            i += 1
        else:
```

```
            i += 1
        return list
```

做法很简单，就是把一个串中的操作数和操作符识别出来，逐个放到一个列表中。之前做了一个预处理，通过正则表达式去掉了所有空格字符。

测试一下：

```
print(tokenize("      23+12       -3   *5 +2/   3- 2   "))
```

运行结果为：

```
['23', '+', '12', '-', '3', '*', '5', '+', '2', '/', '3', '-', '2']
```

6.4.3 开始计算

现在有了操作数和操作符序列。一个一个读取它们，然后分别放在操作数栈和操作符栈中。通过运算符优先算法计算这个表达式，核心步骤就是压栈或者归约。

归约就是把操作数栈中的两个操作数进行运算，运算的操作符在操作符栈中。先编写一个规约函数：

```
def reduce(stack1,stack2):
    num2 = int(stack1.pop())
    num1 = int(stack1.pop())
    operlast = stack2.pop()
    if operlast == "*":
        return num1 * num2
    if operlast == "/":
        return num1 / num2
    if operlast == "+":
        return num1 + num2
    if operlast == "-":
        return num1 - num2
```

有了现在的基础，利用比较运算符优先级实现算术表达式运算就不困难了：

```
operands = ["1","2","3","4","5","6","7","8","9","0"]
operatorsall = ["+","-","*","/"]
operatorslow = ["+","-"]
operatorshigh = ["*","/"]
stack1 = [] #oprands
stack2 = [] #operators

tokenlist=tokenize("      12   + 3     *4-10+   9")
i = 0
j = 0
while i < len(tokenlist):
    if isoperand(tokenlist[i]):
        stack1.append(tokenlist[i])
```

```
        if isoperator(tokenlist[i]):
            if len(stack2) > 0 and tokenlist[i] in operatorshigh: #new token is */
                if stack2[-1] in operatorslow: #last token is +-,push
                    stack2.append(tokenlist[i])
                elif stack2[-1] in operatorshigh: #last token is */,reduce
                    num = reduce(stack1,stack2)
                    stack1.append(num)
                    stack2.append(tokenlist[i])
            elif len(stack2) > 0 and tokenlist[i] in operatorslow: #new token is +-
                if stack2[-1] in operatorshigh: #last token is */,reduce
                    num = reduce(stack1,stack2)
                    stack1.append(num)
                    if len(stack2) > 0: #reduce 倒数第二个操作符
                        num = reduce(stack1,stack2)
                        stack1.append(num)
                    stack2.append(tokenlist[i])
                elif stack2[-1] in operatorslow: #last token is +-,reduce
                    num = reduce(stack1,stack2)
                    stack1.append(num)
                    stack2.append(tokenlist[i])
            elif len(stack2) == 0:
                stack2.append(tokenlist[i])
        i += 1
    #remaining operands
    if len(stack1) > 1: #reduce remaining
        num = reduce(stack1,stack2)
        stack1.append(num)
    if len(stack1) > 1: #reduce remaining
        num = reduce(stack1,stack2)
        stack1.append(num)
    answer = stack1.pop()
    print(answer)
```

解释一下这个程序。

stack1 用于操作数栈，stack2 用于操作符栈。第一步先把字符串解析成 token 列表，这是通过 tokenize 函数实现的。然后从 token 列表中逐个读取这些 token，按照如下规则执行。

1）如果是一个操作数，就放到 stack1 操作数栈中。

2）如果是一个操作符，就要进行一些判断。

① 如果这时操作符栈为空，那就直接把操作符进栈。

② 如果操作符栈不为空，说明前面至少有一个操作符，那么就要比较两个操作符之间的优先级关系。

- 如果当前操作符是*、/，那就判断当前栈顶（stack2[-1]表示）操作符。

  a）如果栈顶是+、-，按照先乘除后加减，这时不能计算，要继续往后看，所以要把当前操作符进栈。

b）如果栈顶是*、/，优先级一样，这时可以进行归约计算，弹出两个操作数，计算完毕后再进栈，之后当前操作符也进栈。

- 如果当前操作符是+、-，那就判断当前栈顶（stack2[-1]表示）操作符。

a）如果栈顶是*、/，按照先乘除后加减，这时可以进行归约计算，弹出两个操作数，计算完毕后再进栈。这时要注意，需要往前再判断一下操作符栈顶，因为或许栈中还有一个+、-，如果有，再次归约。之后当前操作符也进栈。

b）如果栈顶是+、-，优先级一样，这时可以进行归约计算，弹出两个操作数，计算完毕后再进栈，之后当前操作符也进栈。

这个过程结束后，最后在栈中可能还有剩余的操作数和操作符，然后进行处理。注意，程序处理了两遍，因为操作符最多会剩下两个留在栈中。不过这样写程序并不好，还是改成 while 循环比较通用。

这个程序的结构有两点需要优化。一个是先把字符串解析为 token 串，再进行栈操作，实际工作中的做法是一边识别 token，一边进行栈操作；另一个是用了嵌套的 if-else 结构，实际工作中用一个优先级比较标志会更好一些，如 0 代表优先级一样，1 代表优先级高，-1 代表优先级低，1 就进栈，0 和-1 就归约。当有多个优先级（如加入括号）时，用一个优先级表就很方便。

这样，抽丝剥茧，分析清楚了算术表达式的计算过程。

6.5 关于 HashMap

序列型数据结构中，还有一类是 Map，保存的是 key-value 键值对。它根据键的哈希值（hashCode）来存储数据，访问速度高，性能是常数，没有顺序。

存取方法为 put(key, value)，读取方法为 value=get(key)。

6.5.1 Python 中的字典操作

Python 提供了字典结构，下面用一个例子来说明：

```
airports={}

airports["BJC"]="北京首都机场"
airports["PDX"]="上海浦东机场"
airports["GZB"]="广州白云机场"
airports["SZX"]="深圳宝安机场"

print(airports)

print(airports.get("GZB"))
airports["BJC"]="北京首都机场"

airports["BJX"]="北京大兴机场"
```

```
print(airports)
print("BJX" in airports.keys())
airports.pop("BJX")
print(airports)
print(airports.__contains__("BJC"))

for item in airports.items():
    print(item)

for key in airports.keys():
    print(key,airports[key])

for value in airports.values():
    print(value)

print(len(airports))
```

这个简单的例子演示了 Python 中的字典操作，包括创建、添加、修改、读取、删除、是否包含、遍历键、遍历值、判断长度等。

注意在遍历的过程中不能有结构性变化（长度不能变），否则报错，如 RuntimeError: dictionary changed size during iteration。

字典就讲解到这里，本章的目的是要学习数据结构，所以不用 Python 自带的字典，下面自己动手做一个 HashMap。

6.5.2 手动做 HashMap

首先要了解为什么把这个类的名字前面带上 Hash 一词。Hash 的本义是把一个东西弄碎。在计算机编程中，翻译成散列或者杂凑，是把任意长度的输入（又叫作预映射 pre-image）通过散列算法变换成固定长度的输出，该输出就是散列值。因此，Hash 函数简单来说就是一种将任意长度的消息压缩到某一固定长度的消息摘要的函数。

由这个特性，Hash 变换可以广泛地用于数据的存储和查找，带来性能的提升，从原理上讲，它的性能是一个固定值。举一个例子，一个地区有一万人，以身份证号为 key，如果简单地组成一个序列，需要一个一个查找，会花很长时间。因为人的出生年月是比较随机的，可以用一个 365 格大小的数组，将每个人按照出生年月对应到数组中的某一格，也就是说可以直接定位数组位置，性能为 O(1)。

但如果这个地区有一万人，平均来讲这个数组一个格子的位置上会对应有 30 人。这就是位置冲突的问题，术语叫碰撞。

这样，得到如下思路，将输入值通过一个函数映射到连续的输出地址空间，数据存在输入值所对应的地址上，同时要解决地址冲突问题。散列函数都有如下基本特性：如果两个散列值是不相同的（根据同一函数），那么这两个散列值的原始输入也是不相同的。这个特性是散列函数具有确定性的结果。但反过来，如果两个散列值相同，两个输入值可能是相同的也有可能不同。一个好的 Hash 函数应当使得输出值尽量分散，随机对应在地址空间。

可以使用数组+链表的方式存储 HashMap。

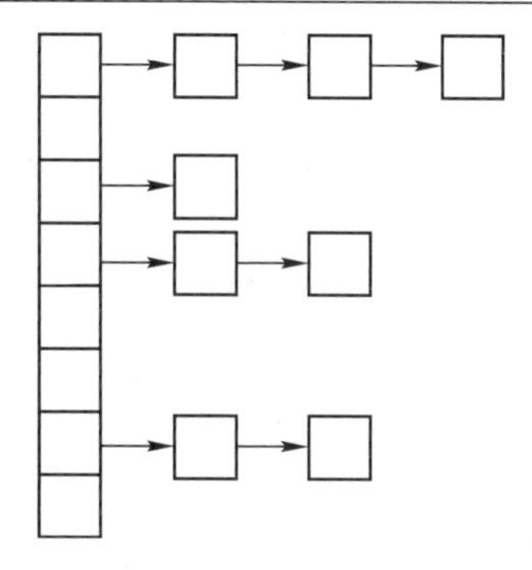

数组是固定大小，比如上述例子中，给大小为 365。数组每一个元素是一个链表，可以存放多个数据，地址相同的数据都放在这条链表上。当找某个人时，输入一个身份证号码，根据出生月日直接定位到数组某一格（如 1 月 1 日对应位置 0，1 月 2 日对应位置 1，…，12 月 31 日对应位置 364），然后依次在这条链表中找具体的某个人。

对于 HashMap 类，定义其中的元素 Entry 是 key-value，希望能提供如下基本操作：

put (key, value): 放入元素（新增和修改）
get(key)：根据 key 获取 value
remove(key)：根据 key 删除某元素
containsKey(key)：是否包含某键值
sizeof()：返回元素个数
__iter__()：遍历所有元素，无序

当然，还有一些因素要考虑，比如为了节省空间，先初始化一个小一点的空间，当数据存储到了某种程度后要扩容，还要控制一下遍历过程中不能有结构性变化（删除、增加元素）。

6.5.3 增删改查

先要看用哪个 Hash 函数，这是关键，它决定了性能。对于上述例子，可以直接取出生月日，不过这里是做一个通用的 HashMap 类，最好使用一个通用的 Hash 函数，同时这个类中用到的 Hash 函数可以由使用者编程时再次指定。

要写出一个像样的哈希函数，软件大师 Joshua Bloch 曾经给了一个指导。

1）给 int 变量 result 赋予一个非零值常量，如 17。

2）为对象内每个有意义的域 f（即每个可以做 equals()操作的域）计算出一个 int 散列码 c。

域类型	计算
boolean	c=(f?0:1)
byte、char、short 或 int	c=(int)f
long	c=(int)(f^(f>>>32))
float	c=Float.floatToIntBits(f);
double	long l = Double.doubleToLongBits(f); c=(int)(l^(l>>>32))
Object,其 equals()调用这个域的 equals()	c=f.hashCode()
数组	对每个元素应用上述规则

3）合并计算散列码：result = 37 * result + c。

4）返回 result。

这里认为 key 和 value 都是字符串，可以用如下一个简单 Hash 函数：

```
def defhashcode(str):
    result = 17
    for c in str:
        result = result*37+ord(c)
    return result
```

比如 defhashcode("abc")的结果为 997619，defhashcode("abcd")的结果为 36912003。可以把这个当成 HashMap 的默认函数，同时允许用户指定自己的 hash 函数，这是通过 Python 构造函数中的默认参数实现的，如下：

```
def __init__(self,initialCapacity=4,loadFactor=0.75,hashfunc=None):
```

上面的构造函数定义了三个参数，都有默认值，其中 hashfunc 是一个函数参数，将一个函数作为参数传入。

HashMap 中的元素是 key-value pair 键值对，定义如下：

```
class Entry(object):
    def __init__(self,key,value):
        self.key=key
        self.value=value
    def __eq__(self, entry1):
        return self.key==entry1.key #and self.value==entry1.value
    def __str__(self):
        return self.key+":"+self.value
```

特别注意的地方是__eq__()，只判断 key 值相等，按照 Python 规范，这个__eq__()方法将影响==操作。

这里将用一个数组/列表存储数据，术语叫 table，长度为 capacity，每一个格放一个链表，术语叫 bucket，通过这个 table-bucket 复合结构把一个个 entry 存储。

```
self.elementdata=[None]*self.capacity
```

初始化时每个位置存放一个 None 对象，后面有数据时存放一个链表，所以此处会用到以前做过的 LinkedList：import LinkedList as link。通过下面的方法将链表放进来：

```
list=link.LinkedList()
list.add(entry)
self.elementdata[index]=list
```

现在有了 table-bucket 结构，有了 entry，有了 hashcode 函数，需要一个映射关系定位 table 中某一格的具体位置。一个常用的方法是取模 hashcode%capacity，这个方法性能不是很好，一个小技巧是按位与，写成如下方法：

```
def indexFor(self, hcode, capacity):
```

```
        return hcode & (capacity-1)
```

也因为按位与，所以建议 capacity 用 2 的整数倍会比较平均地分配位置，碰撞机会小。一般可以用 16 作为初始值。

假定数据放在 map 中了，如何通过 key 值查找呢？思路是先用 key 生成一个 hashcode，之后算出在 table 中的定位，定位到这个 bucket 后，通过链表操作查找。代码片段如下：

```
def get(self,key):
    entry=Entry(key,"")
    hc = self.hashcode(key)
    index = self.indexFor(hc,self.capacity)
    e = None
    if self.elementdata[index] is None:
        return None
    else:
        list=self.elementdata[index]
        e=list.getbyobject(entry)
        if e is None:
            return e
    return e.value
```

删除操作也是先找到 entry，然后通过链表操作进行删除。

接下来重点看如何把一个 key-value 值放进 map 中。

1）第一步将 key-value 拼成一个 entry，然后用 key 生成一个 hashcode，之后算出在 table 中的定位，代码就是下面的三行：

```
entry=Entry(key,value)
hc = self.hashcode(entry.key)
index = self.indexFor(hc,self.capacity)
```

2）检查 table 中这个位置是不是 None，如果是 None，说明没有挂任何 bucket，就要创建一个链表，并挂到上面计算出来的 table 的位置上，代码片段如下：

```
list=link.LinkedList()
list.add(entry)
self.elementdata[index]=list
```

3）如果 table 中这个位置不是 None，说明已经挂了一个 bucket，那就有两种选择，如果当前 key 已经有了，那么就在链表的相应位置把 entry 值修改为当前的 value；如果 key 不存在，就把 entry 新增加到链表中，代码片段如下：

```
list=self.elementdata[index]
e=list.getbyobject(entry)
if e is None:
    list.add(entry)
else:
    e.value=value
```

4）完成了这些后，需要更新一些状态，如 size，还有 loadCount 和 loadPercent。解释一下，size 表示 map 中实际存放的 entry 数量，capacity 表示的是 table 的大小，而 loadCount 表示的是 table 中被使用的格子的数量，loadPercent 是 table 的使用比例，表示拥挤程度，然后给定一个 loadFactor 表示拥挤程度的阈值，超过这个值就表示 table 大小不够用了，需要扩容。

扩容的思想很简单，就是新做一个两倍的 table，然后把老的数据一个一个重新放到 table 中。代码片段如下：

```
newcapacity = self.capacity*2
newelementdata=[None]*newcapacity
for e in hm:
    hc = self.hashcode(e.key)
    index = self.indexFor(hc,newcapacity)

    if newelementdata[index] is None:
        list=link.LinkedList()
        list.add(e)
        newelementdata[index]=list
    else:
        list=newelementdata[index]
        list.add(entry)
self.elementdata = newelementdata
```

数据迁移完成后，仍然要更新一些状态，如 capacity、loadCount 和 loadPercent。

从上面的代码片段中也看到了一个 for 循环操作，自己编写的复合结构，Python 知道要如何循环吗？它其实不知道，要自己给出循环办法，思路是从 table 的位置 0 开始，找第一个格子不为 None 的位置，然后顺着 bucket 一个一个查找，查找完了就找 table 的下一个位置。通过这种方式遍历整个 map。代码片段为：

```
def __next__(self):
    nextidx=self.getNextIdx() #try to get next available table index
    self.currentidx = nextidx
    self.currentlist = self.map.elementdata[self.currentidx]
    self.currentlistiter=iter(self.currentlist)
    newentry=next(self.currentlistiter)
```

到此为止，已经实现了 HashMap 的增删改查遍历。这里进一步探讨一个问题，就是要求在遍历过程中不允许对 map 进行结构性改变，也就是说，程序员如果用下面的代码将抛出错误：

```
for e in hm:
    hm.remove(e.key)
```

思路是这样的：用一个计数器 modCount 记录 map 的结构性操作（增加删除）次数，遍历开始时，先记录下当时的 modCount，以后每次通过__next__()找下一个元素时都判断一下 modCount 是否有变化，如果有变化就报错。

6.5.4 HashMap 遍历

现在面临一个技术性问题，如何理解“遍历开始”？到目前为止，在 Python 的类中，遍历是通过 iterator 实现的，就是在类中有两个方法__iter__()和__next__()，以前__iter__()并没有探究，总是返回 self。

下面从这里开始。首先“遍历开始”从代码层面就是调用__iter__()，它会返回一个 iterator 对象，以前只用 self，即把类本身也当成 iterator，但是这不是必然的，自己可以编写一个单独的 iterator 对象，此处返回该对象，这样做更好，并且可以同时加上多线程处理。

```
class MapIterator():
    def __init__(self,map):
        self.map=map
        self.currentidx = -1
        self.currentlist=None
        self.expectedModCount = map.modCount
    def getNextIdx(self):
        newidx = self.currentidx + 1
        while newidx<=self.map.capacity-1 and self.map.elementdata[newidx] is None:
            newidx += 1
        if newidx>self.map.capacity-1: #out of range
            return -1
        else:
            return newidx
    def __next__(self):
        if self.expectedModCount != self.map.modCount:
            raise ModificationException("Exception: changed size during iteration!")
        if self.currentidx == -1: #initial status
            nextidx=self.getNextIdx() #try to get next available table index
            if nextidx == -1: #end of table
                raise StopIteration()
            else:
                self.currentidx = nextidx
                self.currentlist = self.map.elementdata[self.currentidx]
                self.currentlistiter=iter(self.currentlist)
                newentry=next(self.currentlistiter)
                return newentry
        if not self.currentlist is None:
            try:
                newentry=next(self.currentlistiter) #try to get next node
                return newentry
            except StopIteration: #end of one linkedlist
                nextidx=self.getNextIdx() #try to get next available table index
                if nextidx == -1: #end of table
                    raise StopIteration()
                else:
```

```
                self.currentidx = nextidx
                self.currentlist = self.map.elementdata[self.currentidx]
                self.currentlistiter=iter(self.currentlist)
                newentry=next(self.currentlistiter)
                return newentry
```

iterator 要用到 map，所以构造函数中作为一个参数。同时记录 self.expectedModCount=map.modCount。

getNextIdx()是一个辅助方法，用于定位 table 中下一个有效位置（不为 None）。

__next__()中，首先判断是不是有结构性修改：

```
if self.expectedModCount != self.map.modCount:
    raise ModificationException("Exception: changed size during iteration!")
```

如果有，就抛出异常。异常很好定义，直接继承 Python 的 Exception 类：

```
class ModificationException(Exception):
    def __init__(self, value):
        self.value = value
    def __str__(self):
        return self.value
```

使用者用 try-except 可以捕获这个异常。

__next__()的核心是定位 table 的有效位置，然后顺着链表查找，链表查找完其实还没结束，要再定位 table 下一个有效位置，继续顺着新的链表查找。每次执行 next 都要继续上次的位置，所以需要记录下来：

```
self.currentidx = nextidx
self.currentlist = self.map.elementdata[self.currentidx]
self.currentlistiter=iter(self.currentlist)
```

有了这个 MapIterator，在 Map 类中就不需要返回 self 了，直接返回一个 iterator：

```
def __iter__(self):
    return MapIterator(self)
```

综上所述，得到了完整的 HashMap 程序。

6.5.5 成果验收

可以编写多线程程序进行测试，一段程序执行读取操作，另一段程序执行删除操作，可以看到更好的效果。

Python 多线程编程，需要多线程包：

```
import threading
```

写线程，先编写读取数据的线程，把 hashmap 作为一个参数传入：

```
class readThread (threading.Thread):
    def __init__(self, threadID, name, hm):
```

```
        threading.Thread.__init__(self)
        self.threadID = threadID
        self.name = name
        self.hm = hm
    def run(self):
        print ("start read：" + self.name)
        try:
            for e in self.hm:
                print("read:",e)
        except ModificationException as e:
            print(e.value)

        print ("end read：" + self.name)
```

启动线程时，会自动执行 run()，在方法中循环读取数据，并捕捉可能的结构性修改异常。由于本线程没有这样的操作，它捕捉的其实是别的线程的操作。

然后编写删除数据的线程，把 hashmap 和删除的 key 作为参数传入：

```
class writeThread (threading.Thread):
    def __init__(self, threadID, name, hm,key):
        threading.Thread.__init__(self)
        self.threadID = threadID
        self.name = name
        self.hm = hm
        self.key = key
    def run(self):
        print ("start remove：" + self.name)
        self.hm.remove(self.key)
        print ("end remove：" + self.name)
```

测试一下：

```
thread1 = readThread(1, "Thread-read", hm)
thread2 = writeThread(2, "Thread-write", hm,'A01')
thread1.start()
thread2.start()
```

运行结果：

```
start read：Thread-read
start remove：Thread-write
read:
end remove：Thread-write
A01:机场 1
Exception: changed size during iteration!
end read：Thread-read
```

从运行结果看到捕获了异常。

多线程的编程很困难，而实用的数据结构算法又必须考虑到多线程，因为数据结构的目的是合理组织批量的数据，既然是批量化的，大多数情况下是为了给大家共用的，免不了是几个程序一起读写。

读者如果有兴趣，可以继续学习多线程编程的知识。

6.6 树之遍历

树是一种一对多的数据结构，每一个数据有一个前置，但是可能有多个后置。如下图所示。

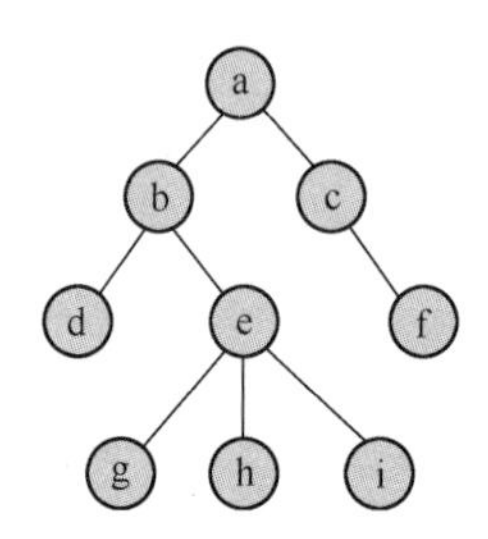

数据按照某种次序存放，会大大提升查找时的性能。比如对只有两个分支的树，第一层 1 个数据，第二层两个数据，第三层 4 个数据，第 N 层 2^{n-1} 个数据。一千个数据要 10 层，一百万个数据要 20 层。

这个对数级的查找，用有序的序列不是也一样吗？对。不过序列的插入、删除性能很低，因为要逐个移动数据。而用树形结构，插入、删除性能较好。

6.6.1 先构建一棵二叉树

先手工构建一棵二叉树，然后在树上遍历所有元素。

先看树的结构如何表达，一棵树由节点组成，一个节点有数据、左子树和右子树。表示如下：

```
class TreeNode(object):
    def __init__(self,data=None):
        self.left = None
        self.right = None
        self.data = data
```

left 是左边的子树，right 是右边的子树。可见树是一种递归型的定义。

对于如下的一棵树，可以这样构造：

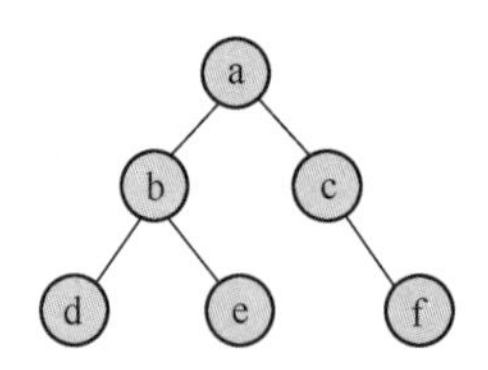


```
root = TreeNode("a")
root.left = TreeNode("b")
```

```
root.right = TreeNode("c")
root.left.left = TreeNode("d")
root.left.right = TreeNode("e")
root.right.right = TreeNode("f")
```

现在有了一棵树，再看如何遍历（Traversal）。

6.6.2 再遍历二叉树

根据树的递归定义，从 a 开始，接下来是左子树 b，然后对 b 进行同样的操作，到 d，再到 e，左子树完成后，接着是右边的子树 c，然后对 c 进行同样的操作，直到 f。

这是一种深度优先的搜索，分成本节点 N、左子树 L、右子树 R 三部分。所以遍历的次序可以组合成 NLR、LNR 和 LRN 三种。分别称为前序遍历、中序遍历和后序遍历（前、中、后是指本节点的次序）。

来看一下下面的代码：

```
def preorder(node):
    if node is None:
        return
    print(node.data)
    preorder(node.left)
    preorder(node.right)
def inorder(node):
    if node is None:
        return
    inorder(node.left)
    print(node.data)
    inorder(node.right)
def postorder(node):
    if node is None:
        return
    postorder(node.left)
    postorder(node.right)
    print(node.data)

print("------preorder--------")
preorder(root)
print("------inorder--------")
inorder(root)
print("------postorder--------")
postorder(root)
```

运行结果：

```
------preorder--------
a b d e c f
------inorder--------
d b e a c f
```

```
------postorder---------
d e b f c a
```

读者可以自己对着这棵树按照这个次序执行一遍，直观了解前、中、后序。这里只演示前序遍历。核心代码为下面几行，是递归调用：

```
print(node.data)
preorder(node.left)
preorder(node.right)
```

1）调用时，最先传入的是根节点 a。程序先打印本节点，用红星标识它已经遍历过了，如图所示。

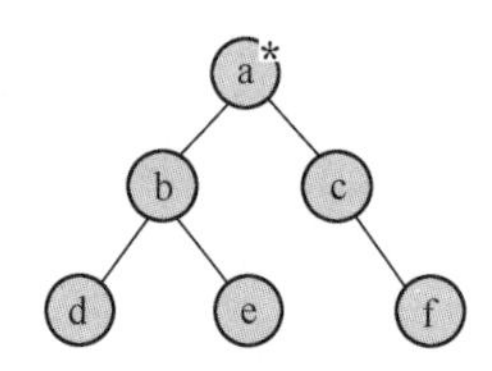

2）对 a 的左子树进行递归。程序执行 preorder(node.left)，传入的是节点 b。程序先打印本节点，用红星标识它已经遍历过了，如图所示。

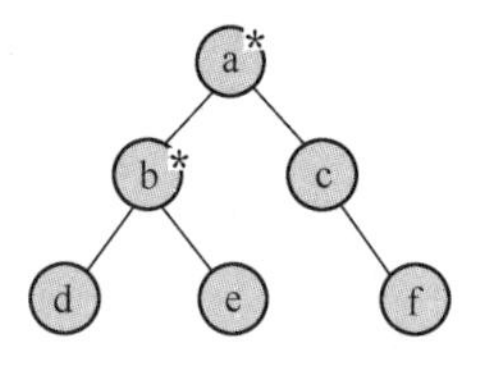

3）对 b 的左子树进行递归。程序执行 preorder(node.left)，传入的是节点 d。程序先打印本节点，用红星标识它已经遍历过了，如图所示。

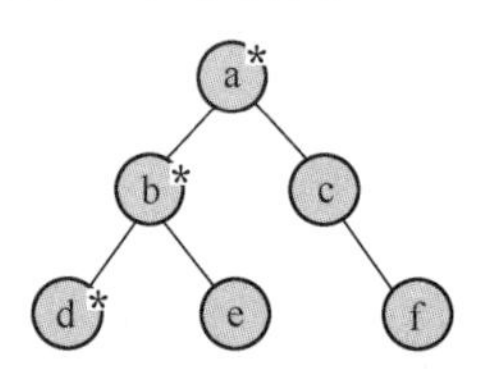

4）对 d 的左子树进行递归。程序执行 preorder(node.left)，传入的是 None，返回。然后对 d 的右子树进行递归。程序再执行 preorder(node.right)，传入的是 None，返回。

5）返回到上层递归，回到了 b 节点。对 b 的右子树进行递归。程序执行 preorder(node.right)，传入的是节点 e。程序先打印本节点，用红星标识它已经遍历过了，如图所示。

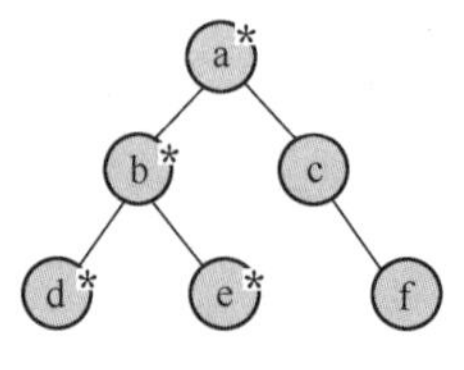

6）对 e 的左子树进行递归。程序执行 preorder(node.left)，传入的是 None，返回。然后对 e 的右子树进行递归。程序再执行 preorder(node.right)，传入的是 None，返回。

7）返回到上层递归，回到了 b 节点。这时，b 节点的左右子树都处理完了。返回。

8）返回的上层递归是回到了 a 节点。对 a 的右子树进行递归。程序执行 preorder (node.right)，传入的是节点 c。程序先打印本节点，用红星标识它已经遍历过了，如图所示。

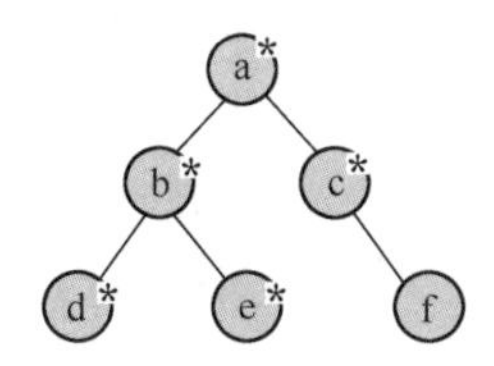

9）对 c 的左子树进行递归。程序执行 preorder(node.left)，传入的是 None，返回。然后对 c 的右子树进行递归。程序再执行 preorder(node.right)，传入的是 f。程序先打印本节点，用红星标识它已经遍历过了，如图所示。

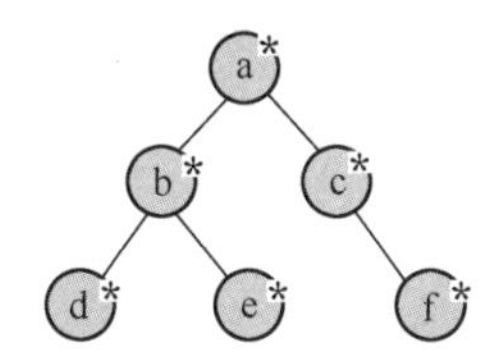

10）对 f 的左子树进行递归。程序执行 preorder(node.left)，传入的是 None，返回。然后对 f 的右子树进行递归。程序再执行 preorder(node.right)，传入的是 None，返回。

11）返回到上层递归，回到了 c 节点。这时，c 节点的左右子树都处理完了。返回。

12）返回到更上层的递归，回到了 a 节点。这时，a 节点的左右子树都处理完了。返回。

程序结束。按照刚才的遍历路径，打印出 a b d e c f。

▷▷▷ 6.6.3 换一种方式遍历

还可以按照广度优先来遍历，从 a 开始，接下来是 a 的下一层 b 和 c，这样第二层的节点遍历完了，就对 b 和 c 进行同样的操作。这个程序不用到递归，而是用到一个队列，队列初始为空，第一步把树的根节点 a 放进队列中，然后对整个队列逐个元素执行循环。

从队列中弹出第一个元素，打印，如果这个元素的节点有左子树，则把左子树的根节点放进队列末尾；如果这个元素的节点有右子树，则把右子树的根节点放进队列末尾。

一步步演示如下。

1）放入树根，也就是 a 节点，队列如下。

a

2）弹出第一个元素，为节点 a。这时队列为空。

3）打印 a。然后看到 a 有左子树也有右子树，所以分别放进队列中，如下。

b	c

4）弹出第一个元素，为节点 b。这时队列中还有一个 c 节点。

5）打印 b。然后看到 b 有左子树也有右子树，所以分别放进队列中，如下。

c	d	e

6）弹出第一个元素，为节点 c。这时队列中还有两个节点 d 和 e。

7）打印 c。然后看到 c 没有左子树但是有右子树，所以把右子树放进队列中，如下。

d	e	f

8）弹出第一个元素，为节点 d。这时队列中还有两个节点 e 和 f。

9）打印 d。然后看到 d 没有左子树也没有右子树，什么也不做，如下。

e	f

10）弹出第一个元素，为节点 e。这时队列中还有一个节点 f。

11）打印 e。然后看到 e 没有左子树也没有右子树，什么也不做，如下。

f

12）弹出第一个元素，为节点 f。这时队列为空。

13）打印 e。然后看到 e 没有左子树也没有右子树，什么也不做。

14）队列空了，程序结束。

代码如下：

```
def bft(node):
    if node is None:
        return
    q=[]
    q.append(node)
    while len(q)>0:
        node = q.pop(0)
        print(node.data)
        if not node.left is None:
            q.append(node.left)
        if not node.right is None:
            q.append(node.right)
print("------bft--------")
bft(root)
```

运行结果为：

```
------bft--------
a b c d e f
```

6.7 树之构建和查找

6.7.1 还是先构建树

前面根据一棵手工建好的树遍历了全部元素，现在看如何查找某个特定的元素。最笨的办法就是遍历一遍，找到为止。但是这样是不可接受的。树形结构的一大优点就是查找的性能比较好，自然前提是构建树时要按照某种次序构建。

举个例子，对于数字序列["4","2","1","7","3","9"]，可以按照这个次序构建树：每个节点比左子树的节点大，比右子树的节点小。如下图所示。

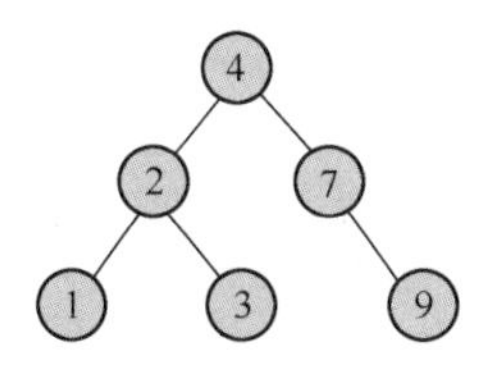

构建过程如下，开始时，只有一个初始的没有数据的根节点。

1）读取序列第 1 个数 4，树的根节点为空，直接把 4 放进这个节点中。

2）读取序列的第 2 个数 2，再看树的根节点，不为空，比较大小，比节点中的数 4 要小，所以就看左子树节点，这时左子树节点为空，创建左子树节点，把 2 放进左子树节点中。

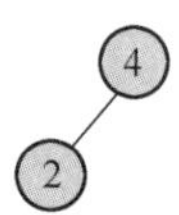

3）读取序列的第 3 个数 1，再看树的根节点，不为空，比较大小，比节点中的数 4 要小，所以就看左子树节点，这时左子树节点中的数为 2，当前数为 1，比左子树节点小，所以继续看下层的左子树节点，这时下层的左子树节点为空，创建下层左子树节点，把 1 放进左子树节点中。

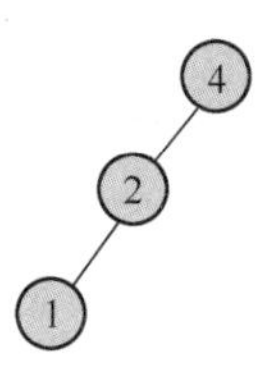

4）读取序列的第 4 个数 7，再看树的根节点，不为空，比较大小，比节点中的数 4 要大，所以就看右子树节点，右子树节点为空，创建右子树节点，把 7 放进右子树节点中。

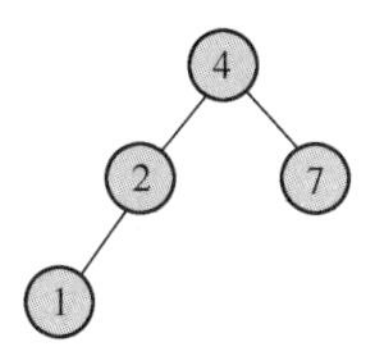

5）读取序列的第 5 个数 3，再看树的根节点，不为空，比较大小，比节点中的数 4 要小，所以就看左子树节点，这时左子树节点里的数为 2，当前数为 3，比左子树节点要大，所以看下层的右子树节点，这时下层的右子树节点为空，就创建下层右子树节点，把 3 放进右子树节点中。

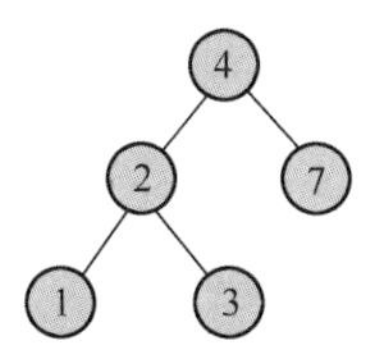

6）读取序列的第 6 个数 9，再看树的根节点，不为空，比较大小，比节点中的数 4 要

大，所以就看右子树节点，右子树节点为 7，比右子树节点要大，就继续看下层右子树节点，为空，就创建下层的右子树节点，把 9 放进下层右子树节点中。

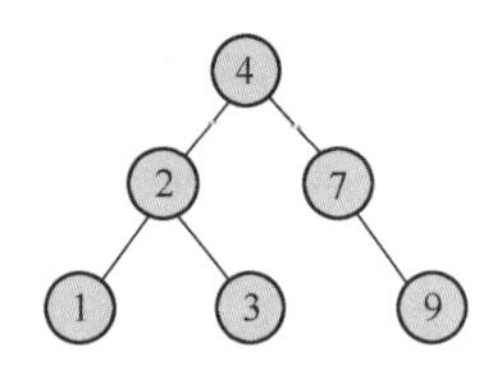

到此构建完毕。

6.7.2 然后查找特定元素

从上面的过程看到了，最关键的操作就是把一个数据放到树的正确位置。可以通过如下递归函数实现：

```
def inserttree(c,node):
    if node.data is None:
        node.data = c
    elif c < node.data:
        if node.left is None:
            node.left = Tree.TreeNode()
        inserttree(c,node.left)
    elif c > node.data:
        if node.right is None:
            node.right = Tree.TreeNode()
        inserttree(c,node.right)
```

上面的函数参数为 c 和 node，c 即为新数据，node 是树的某个节点。逻辑很简单，比大小决定放在左子树还是右子树。

有了这个函数，把一个数字序列按照树形结构组织的程序就很简单了：

```
def loadtree(arr,rootnode):
    for c in arr:
        inserttree(c,rootnode)
```

测试一下：

```
array = ["4","2","1","7","3","9","5"]
root = Tree.TreeNode()
loadtree(array, root)
```

组织好了一棵树之后，查找很简单，按照同样比较大小的办法去查找即可，代码如下：

```
def findtree(nodeobj,node):
    currentnode = node
    while not currentnode is None:
        if nodeobj == currentnode.data:
            return currentnode.data
        elif nodeobj < currentnode.data:
```

```
            if not currentnode.left is None:
                currentnode = currentnode.left
            else:
                return None
        elif nodeobj > currentnode.data:
            if not currentnode.right is None:
                currentnode = currentnode.right
            else:
                return None
```

到此已经介绍了树的构建、遍历和查找。

▷▷▷ 6.7.3 让树更加泛用

回顾一下程序代码，会发现一个技巧性问题：树的节点存放的数据是数字和字符，比较大小时都是用的==、<和>，这限制了程序的适用范围（对数字和字符串可以，对普通对象就不可以），为了得到一个更加通用的数据结构的实现，应该抽象出一个 NodeObject，由它来指定对象间的大小关系。按照 Python 的规定，执行==、<和>时会调用__eq__()、__lt__()和__gt__()函数，因此定义 NodeObject 如下：

```
class NodeObject:
    def __init__ (self, data):
        self.data = data
    def __eq__ (self, obj):
        return self.data == obj.data
    def __lt__ (self, obj):
        return self.data < obj.data
    def __gt__ (self, obj):
        return self.data > obj.data
```

构建树时，TreeNode 中的 data 统一使用 NodeObject。程序几乎不用修改，只在构建时改成如下代码即可：

```
def loadtree(arr,rootnode):
    for c in arr:
        inserttree(NodeObject(c),rootnode)
```

查找时，也使用这个类：

```
findtree(NodeObject("9"),root)
```

这样做的好处是通用。比如有一个普通类 Student，有学号、姓名等字段，也需要按照树形结构存储，也需要比较大小。可以用一个 StudentObject 类来继承 NodeObject 类，改写需要修改的几个方法就可以了。

```
class StudentObject(NodeObject):
    def __eq__ (self, obj):
        return self.data["no"] == obj.data["no"]
```

```
        def __lt__(self, obj):
            return self.data["no"] < obj.data["no"]
        def __gt__(self, obj):
            return self.data["no"] > obj.data["no"]
```

定义这个类时，类名后带上了（NodeObject），按照 Python 的规定，这表示定义了一个子类继承 NodeObject 类。它将 NodeObject 类中的方法继承下来，需要修改的方法只要重新编写就可以了。上面的代码改写了比较大小的三个方法。

创建树时，使用这个新类：

```
def loadtree(arr,rootnode):
    for c in arr:
        inserttree(StudentObject(c),rootnode)
```

测试一下：

```
array=[{"no":"4","name":"Alice"},
       {"no":"2","name":"Bob"},
       {"no":"1","name":"Clive"},
       {"no":"7","name":"Donald"},
       {"no":"3","name":"Ellen"},
       {"no":"9","name":"Fiona"}]
root =  Tree.TreeNode()
loadtree(array, root)
findtree(StudentObject({"no":"9","name":"anyone"}),root)
```

运行结果是找到 9 号学生的信息了，但是返回的是{'no': '9', 'name': 'Fiona'}。因为在 StudentObject 中只按照学号进行了比较。

通过这种方式，定义了一棵抽象的树，可以处理各种不同的对象。

6.8 平衡树（AVL 算法）

6.8.1 平衡二叉树

在上面构造这棵树时，读者可能注意到了 4、2、1 三个节点的排列方式如下。

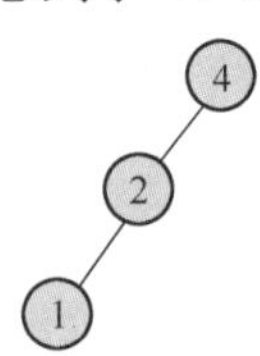

如果所给的数据序列是 8,7,6,5,4,3,2,1，那这棵树岂不是一直生长而没有分支？对！上面办法的核心问题是它严重依赖于输入数据序列的次序，极端情况下，它退化成了一个线性序列。但本意不是这样的，是希望数据平均分布在多层级的分支上。

用技术的表达是需要一棵平衡的树。平衡二叉树（Balanced Binary Tree）有以下性质：它的左右两棵子树的高度差不超过 1，并且左右两棵子树都是一棵平衡二叉树。平衡

二叉树的高度 h 维持在数据总数 n 的对数级。所以查找、插入、删除这些操作都会有比较好的性能。

平衡二叉树有不同的实现方法，常见的有红黑树、AVL 等。

下面以 AVL 为例。它是最先发明出来的平衡二叉树，后面的改进都是在 AVL 树的思想上继续前进的，比如 Java 中使用的红黑树，它对节点进行染色，规定一些性质使得树大体平衡，统计性能更好。

AVL 树于 1962 年发布，得名于它的发明者 G. M. Adelson-Velsky 和 E. M. Landis。这两位科学家在发表的论文“An algorithm for the organization of information”中提出了 AVL 的概念。

为了平衡，先定义平衡因子 BF = |左子树高度 h − 右子树高度 h|。

平衡因子不能大于 1，大于 1 则表示不平衡。如下面的树，B 的高度为 2，A 和 C 的高度为 1，各个节点平衡因子都是 0，所以是平衡的。

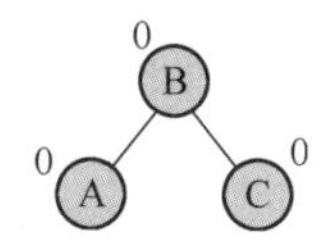

再如下面的树，C 的高度为 3，B 的高度为 2，A 的高度为 1，平衡因子分别为 2、1、0，所以不是平衡的。

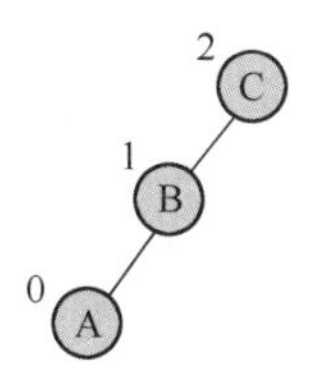

数据的表示，要在节点中记录平衡因子和高度，修改树节点代码如下：

```
class TreeNode(object):
    def __init__(self,data=None):
        self.left = None
        self.right = None
        self.data = data
        self.height=1
```

增加了一个 height 属性，平衡因子不记录了，因为可以根据左右子树的高度差计算出来。现在编写一个函数计算一棵树的高度：

```
def treeheight(node):
    if node is None:
        return 0
    i=0
    j=0
    if not node.left is None:
        i = treeheight(node.left)
    if not node.right is None:
        j = treeheight(node.right)
    return max(i,j)+1
```

高度也是通过左子树和右子树的高度加 1 实现的。

要让一棵树保持平衡，可以通过旋转的办法达到目的。可以左旋，也可以右旋。左旋将让整棵树的重心左移，右旋将让整棵树的重心右移。

因为二叉树只有左右两个分支，所以新增加数据导致不平衡时只有四种情况，在下面的小节中分别进行介绍。

6.8.2 平衡二叉树增加节点

1. LL，往左子树的左边分支增加节点

本来有 x，y 两个节点，新增一个 z，x 的平衡因子成了 2，平衡被打破了，需要右旋。把 y 节点提成起始节点，把 x 节点右旋称为 y 节点的右孩子，如下。

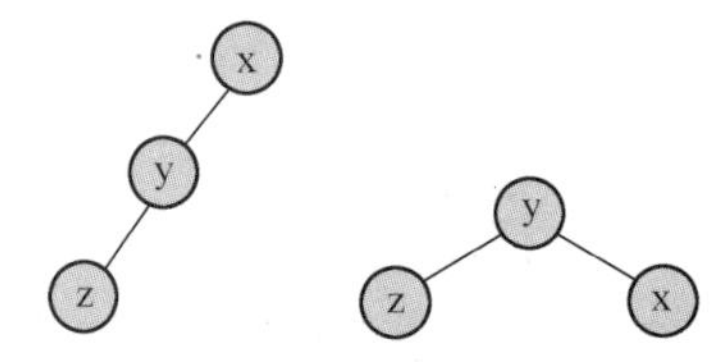

右旋的通用规则，让不平衡起始节点 OldRoot 的左孩子成为新的起始节点 NewRoot，把不平衡起始节点 OldRoot 以及它的右子树整个成为新的起始节点 NewRoot 的右孩子，然后新的起始节点 NewRoot 以前的右孩子变成 OldRoot 的左孩子。

有一个直观表示旋转的图，如下。

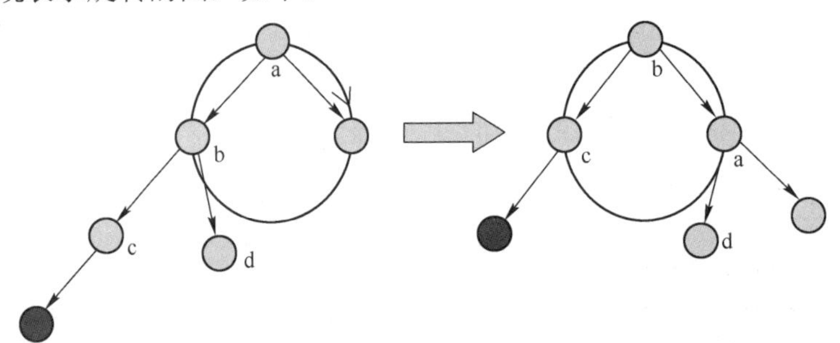

红色节点增添加到左边的树之后，节点 a 的平衡因子由 1 变成 2，平衡被打破了，需要右旋。这个例子中，不平衡起始节点 OldRoot 就是节点 a，先把它的左孩子节点 b 右旋提升为新的起始节点 NewRoot，再将 OldRoot 及右子树节点右旋作为 NewRoot 的右子树，而 NewRoot 原来的右孩子节点 d 要作为 OldRoot 的左孩子。

代码如下：

```
def rotateLL(node):
    tmpnode = node.left
    node.left = tmpnode.right
    tmpnode.right=node
    node.height=treeheight(node)
    tmpnode.height=treeheight(tmpnode)
    return tmpnode
```

这个函数，将最小失衡子树旋转后，返回的是这棵最小失衡子树的新的根。

2．RR，往右子树的右边分支增加节点

RR 与 LL 是对称的。需要左旋。

左旋的通用规则，让不平衡起始节点 OldRoot 的右孩子成为新的起始节点 NewRoot，把不平衡起始节点 OldRoot 以及它的左子树整个成为新的起始节点 NewRoot 的左孩子，而新的起始节点 NewRoot 以前的左孩子变成 OldRoot 的右孩子。

```
def rotateRR(node):
    tmpnode = node.right
    node.right = tmpnode.left
    tmpnode.left=node
    node.height=treeheight(node)
    tmpnode.height=treeheight(tmpnode)
    return tmpnode
```

这个函数，将最小失衡子树旋转后，返回的是这棵最小失衡子树的新的根。

3．LR，往左子树的右边分支增加节点

如下图所示，本来有 x，y 两个节点，新增一个 z，x 的平衡因子成了 2，平衡被打破了。

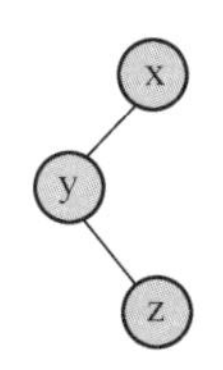

这个情况复杂一点，旋转一次仍然不能保持平衡，需要旋转两次。

第一次将 y-z 子树左旋，如下。

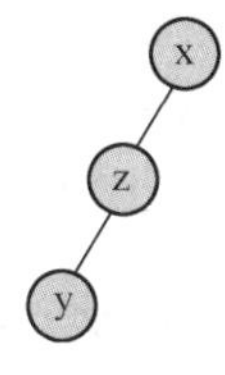

然后将 x-z-y 右旋，如下。

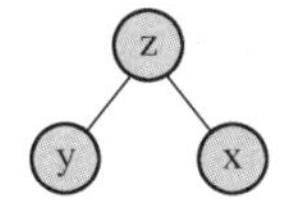

有一个直观表示旋转的图，如下。

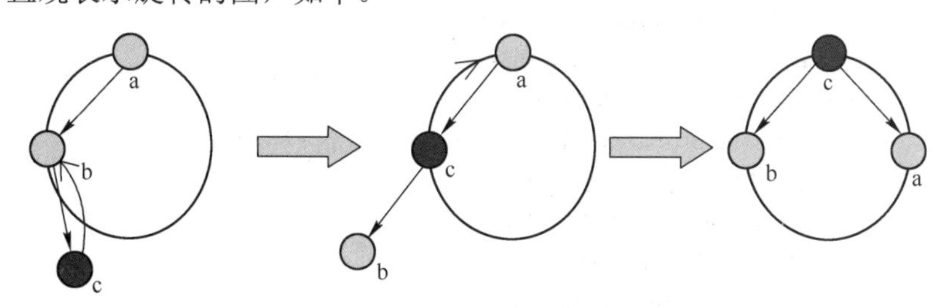

代码如下：

```
def rotateLR(node):
    node.left=rotateLL(node.left)
    tmpnode=rotateRR(node)
    return tmpnode
```

有了左旋和右旋函数，LR 就是组合左旋和右旋。注意左旋的是本节点的左子树，右旋的是本节点的树。

4．RL，往右子树的左边分支增加节点。

RL 与 LR 是对称的，需要先右旋右子树，再左旋树。

代码如下：

```
def rotateRL(node):
    node.right=rotateRR(node.right)
    tmpnode=rotateLL(node)
    return tmpnode
```

6.8.3 不平衡就旋转

有了这些基础准备，那么添加的过程与二叉树类似，添加后重新计算高度，如果不平衡就旋转：

```
def inserttree(nodeobj,node):
    if node.data is None:
        node.data = nodeobj
        node.height = treeheight(node)
    elif nodeobj < node.data:
        if node.left is None:
            node.left = Tree.TreeNode()
        node.left=inserttree(nodeobj,node.left)
        node.height = treeheight(node)
        if abs(treeheight(node.left)-treeheight(node.right))==2:
            if nodeobj<node.left.data:
                node=rotateLL(node)
            elif nodeobj>node.left.data:
                node=rotateLR(node)
    elif nodeobj > node.data:
        if node.right is None:
            node.right = Tree.TreeNode()
        node.right=inserttree(nodeobj,node.right)
        node.height = treeheight(node)
        if abs(treeheight(node.left)-treeheight(node.right))==2:
            if nodeobj>node.right.data:
                node=rotateRR(node)
            elif nodeobj<node.right.data:
                node=rotateRL(node)
    return node
```

解释一下这个函数。

思路是看这个节点的内容是不是空的，如果是空就直接放入数据。返回该节点。

如果节点内容不为空，就比较大小，小就走左子树，大就走右子树。这是一个递归过程，代码表现为这一句：

```
node.left=inserttree(nodeobj,node.left)
```

新节点加入后，要重新计算高度，并判断平衡因子（左右子树高度差），代码为：

```
node.height = treeheight(node)
if abs(treeheight(node.left)-treeheight(node.right))==2:
```

如果判断失衡，则进行旋转，代码为：

```
if nodeobj<node.left.data:
    node=rotateLL(node)
```

这是比左边还要小的情况，定为 LL 型，进行旋转。注意旋转会返回一个 node，这个 node 就是最小失衡子树的新根。

但是这个新根并不一定是添加过程最后返回的根，因为旋转返回的只是最小失衡子树的新根。但是添加过程是一个递归过程，所以又会按照以前从根开始的路径一步一步返回，最后的结果是这个添加函数会返回一个新的节点，即为新的根节点。

因为再平衡，添加过程中树的根节点可能会换掉，所以在构建树时每一次添加后都要重新获取新的根：

```
def loadtree(arr,rootnode):
    for c in arr:
        rootnode=inserttree(NodeObject(c),rootnode)
```

下面用一个序列作为例子：

```
["9","8","7","6","5","4","3","2","1","0"]
```

这个序列是一个倒序的列表，如果没有再平衡，树将退化成一个线性序列。

第一步读取到序列中的第 1 个数字 9，初始时，树只有一个内容为空的节点，这个就是初始根节点，执行 rootnode=inserttree(NodeObject(c),rootnode)。进入 inserttree(nodeobj, node)，执行的是里面的这几句：

```
if node.data is None:
    node.data = nodeobj
    node.height = treeheight(node)
...
return node
```

这样有了第 1 个数据节点 9，高度为 1，inserttree()返回了这个根节点。

第二步读取到序列中的第 2 个数字 8，这时根节点为节点 9，执行 rootnode= inserttree (NodeObject(c),rootnode)。进入 inserttree(nodeobj,node)，执行的是里面的这几句：

```
        elif nodeobj < node.data:
            if node.left is None:
                node.left = Tree.TreeNode()
            node.left=inserttree(nodeobj,node.left)
```

给节点 9 加一个左孩子，递归调用 inserttree()，试图在新生成的节点 9 的左孩了这边添加，递归进入，执行的是里面的这几句：

```
        if node.data is None:
            node.data = nodeobj
            node.height = treeheight(node)
        ...
        return node
```

这样有了第 2 个数据节点 8，高度为 1，inserttree()返回了这个新节点。

回到递归的上一层（节点 9）断点处继续执行。

```
            node.height = treeheight(node)
            if abs(treeheight(node.left)-treeheight(node.right))==2:
        ...
        return node
```

重新计算 node9 的高度，得到新高度为 2，再判断是否失衡（代码通过高度差==2 判断），没有失衡，什么也不用做，最后返回本节点 9。

递归结束。整个添加过程结束。返回根节点 9。

至此添加了第 2 个数字。

第三步读取到序列中的第 3 个数字 7，这时根节点为节点 9，执行 rootnode=inserttree(NodeObject(c),rootnode)。进入 inserttree(nodeobj,node)，执行的是里面的这几句：

```
        elif nodeobj < node.data:
            if node.left is None:
                node.left = Tree.TreeNode()
            node.left=inserttree(nodeobj,node.left)
```

数据 7 小于节点 9 的数据，递归调用 inserttree()，这次是在节点 9 的左孩子（即节点 8）这边添加，递归进入，执行的是里面的这几句：

```
        elif nodeobj < node.data:
            if node.left is None:
                node.left = Tree.TreeNode()
            node.left=inserttree(nodeobj,node.left)
```

数据 7 小于节点 8 的数据，而节点 8 又没有左孩子，于是给节点 8 添加一个左孩子，再次递归调用 inserttree()，试图在新生成的节点 8 的左孩子这边添加，递归进入，执行的是里面的这几句：

```
        if node.data is None:
            node.data = nodeobj
```

```
        node.height = treeheight(node)
    ...
    return node
```

这样有了第 3 个数据节点 7，高度为 1，inserttree()返回了这个新节点。

回到递归的上一层（节点 8）断点处继续执行。

```
            node.height = treeheight(node)
            if abs(treeheight(node.left)-treeheight(node.right))==2:
        ...
    return node
```

重新计算 node8 的高度，得到新高度为 2，再判断是否失衡（代码通过高度差==2 判断），没有失衡，什么也不用做，最后返回本节点 8。

回到递归的再上一层（节点 9）断点处继续执行。

```
        node.height = treeheight(node)
        if abs(treeheight(node.left)-treeheight(node.right))==2:
        ...
    return node
```

重新计算 node9 的高度，得到新高度为 3，再判断是否失衡（代码通过高度差==2 判断），现在失衡了。执行如下代码：

```
    if nodeobj<node.left.data:
        node=rotateLL(node)
```

以 node9 作为最小失衡子树的根进行旋转。执行 rotateLL(node)：

```
    def rotateLL(node):
        tmpnode = node.left
        node.left = tmpnode.right
        tmpnode.right=node
        node.height=treeheight(node)
        tmpnode.height=treeheight(tmpnode)
        return tmpnode
```

旋转过程解析如下。

tmpnode 先记录的是根节点 9 的左孩子，即节点 8。然后把节点 8 的右孩子交给根节点 9 当左孩子。再之后，把根节点 9 当成节点 8 的右孩子（这个操作实现了节点 8 的提升和节点 9 的右旋）。重新计算高度。最后返回 tmpnode，也就是失衡子树旋转后的新根。

函数执行完毕，node=rotateLL(node)，现在得到的返回值是新根节点 8。

Inserttree()执行完毕，返回 node，即节点 8。

递归结束。整个添加过程结束。返回根节点 8。

至此添加了第 3 个数字 7。

第四步拿到序列中的第 4 个数字 6，这时根节点为节点 8，执行 rootnode=inserttree(NodeObject(c),rootnode)。以此类推。

这样一步一步地构建整棵 AVL 树。

最后 AVL 树如下。

```
            6
        2       8
      1    4   7 9
    0    3 5
```

到此，树结构的基本知识已经介绍完毕。相信读者可以写出一个完整的树的实现类来了。

6.9 图的表示

图是一种 n 对 n 关系的数据结构，如下图所示，每一个数据可能有多个前置和多个后置。

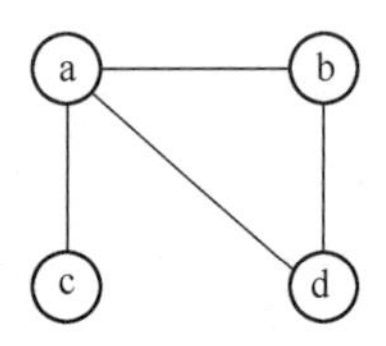

图由顶点和边组成。边可以是无向的（a 到 b，b 也到 a），也可以是有向的（a 到 b，但是 b 不能到 a），有向图例子如下。

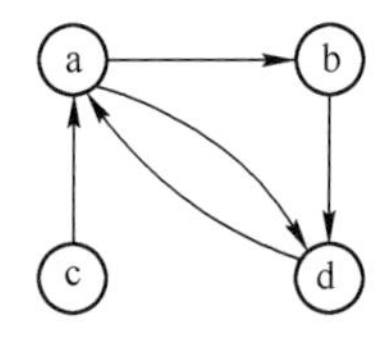

图比线性表和树更加复杂，数据元素之间的关系可以是任意的，因此应用得很广泛。

图有很多操作、遍历、最短路径，最长路径等。

图通过顶点 V 以及顶点之间的关系 E（也叫边）表示。

每个顶点有度（Degree），即附属于它的边的条数，对有向图来讲，度分为入度和出度。

对于有 n 个顶点的图，如果是无向图，边数最多为 $n*(n-1)/2$，有向图边数最多为 $n*(n-1)$。有这么多边的图叫完全图。

从一个顶点到另一个顶点，经过一系列的顶点和边的序列，叫作路径 p={v1, e1, v2,e2, …, vm-1,em-1,vm}，经过的边的长度叫作路径的长度。

如果第一个顶点和最后一个顶点是同一个顶点，叫作一个环路（Cycle）。

如果从顶点 S 到顶点 T 之间存在一条路径，叫它 S 到 T 可达的/连通的。如果任意两个顶点之间都是连通的，叫连通图。非连通图有多个连通分量。

如果边不仅仅有顶点之间的关系，还有相关的值，如距离和消耗，则把这些信息叫作权（Weight），这样的图叫作权图或者网。

可以看到，定义一个图，就是抓住它的顶点集合和这些顶点之间的连接关系即可。可以用邻接矩阵（Adjacent Matrix）表示图。

比如，对上面所示的无向图，可以表示如下

	a	b	c	d
a		1	1	1
b	1			1
c	1			
d	1	1		

用 1 表示两个顶点之间有一条边，空表示没有。可以看出无向图的矩阵是对称的。

对上面所示的有向图，可以表示如下。

	a	b	c	d
a		1		1
b				1
c	1			
d	1			

用 1 表示两个顶点之间有一条有向的边，空表示没有。

同理，对带权的图也可以同样表示，只不过不用 1 来记录有没有边了，而是记录权值。如下图所示。

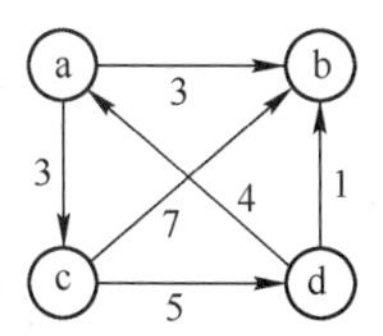

可以用如下的邻接矩阵表示。

	a	b	c	d
a		3	3	
b				
c		7		5
d	4	1		

实际存储时，如何处理空位呢？可以用无穷大表示。

通过邻接矩阵，很容易看出一个顶点有多少条边，也比较容易算出两个顶点之间是否有连通。

而邻接矩阵最大的缺点是占用了太多空间。

另一种表示办法是邻接表（Adjacent List），使用一个一维数组记录顶点，每个格子带一个链表记录由这个顶点出发的边。

如对上面所示的无向图，表示如下。

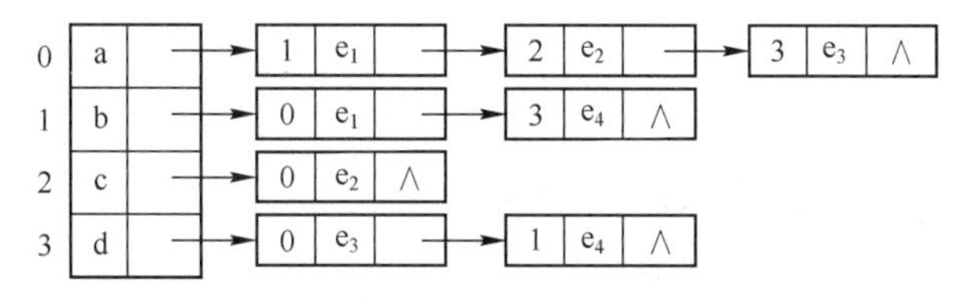

邻接表节省空间，但是判断两个顶点之间是否有边连通则比较麻烦，删除一条边也比较麻烦。

还有双链表表示、字典表示等。

总之，不同的数据结构有不同的优缺点。

一个图可能会有多种操作，如遍历所有顶点、求两个顶点之间的路径、最短路径、最长路径等。

6.10 拓扑排序

有向图还需要拓扑排序。拓扑排序是把所有顶点排成一个线性序列，且该序列必须满足下面两个条件。

- 每个顶点有且只出现一次。
- 若存在一条从顶点 A 到顶点 B 的路径，那么在序列中顶点 A 出现在顶点 B 的前面。

对树形结构也有节点的排序，但是树形结构是 1:*N* 的关系，排序比较简单，而图却是 *N*:*N* 的，要有不一样的算法才能做到。

拓扑排序算法很简单，循环执行下面两步。

1）从图中选择没有前驱（即入度为 0）的顶点加入排序序列。

2）从图中删除这些顶点和所有以它为起点的边。

下面看一个例子。

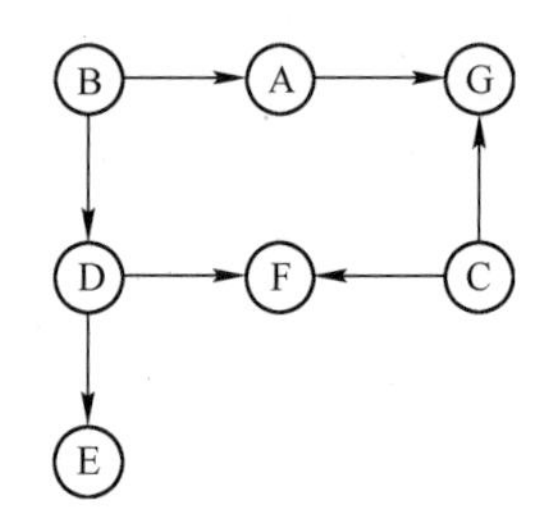

观察上图，发现顶点 B 和顶点 C 的入度为 0，把它们选择出来，放入序列。

B C

从图中删除上面的两个顶点，图如下所示。

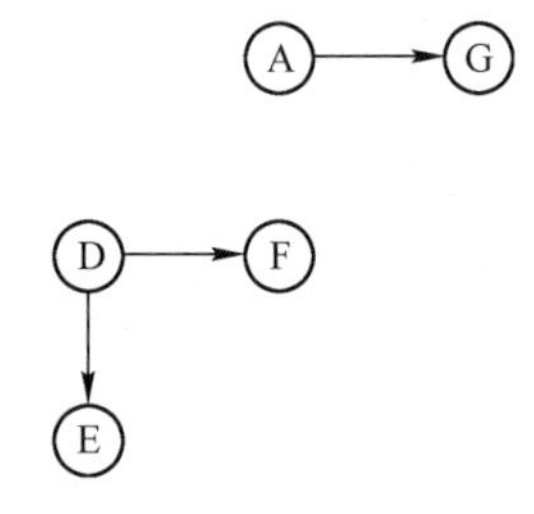

观察上图，发现顶点 A 和顶点 D 的入度为 0，把它们选择出来，放入序列。

B C A D

从图中删除上面的两个顶点，图如下所示。

观察上图，发现顶点 E、F、G 入度为 0，把它们选择出来，放入序列。

B C A D E F G

删除这几个顶点，图为空，结束。

可以轻易构造出一个图，让上面的算法失效，如下。

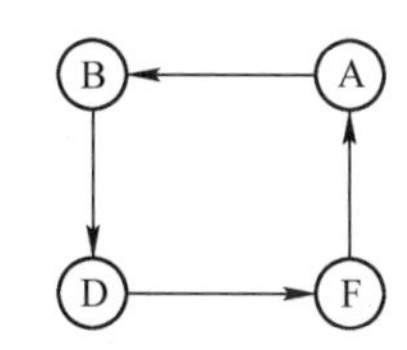

介绍这个算法时，这里隐含了一个条件，就是图中无环。

代码如下：

```
def toposort(self):
    S=[] #序列

    while len(self.edge)-len(S)>0: #把所有的顶点读取完为止
        S1=[]
        for j in range(len(self.edge)): #遍历剩下的顶点，选择入度 0 的顶点
            if j in S: #跳过已经读取过的顶点，只处理剩下的点
                continue
            flagj=0
            for i in range(len(self.edge)):
                if i in S:
                    continue
                if self.edge[i][j]!=self.MAX_INT: #入度不为 0
                    flagj=1
                    break
            if flagj==0: #in degree is 0，选择出来
                S1.append(j)
        for e in S1: #把本轮选择出来的顶点入列
            S.append(e)

    return S
```

最初读取到的是一个完整的邻接矩阵，按照算法，每挑出一个顶点后，要从邻接矩阵中删除这个顶点以及相关的边，这样要循环删除矩阵中的元素。

为了性能的考虑，程序中做了一点优化，并不真的删除矩阵中的元素，只是遮蔽一下，遍历时，跳过这些顶点。

使用一个临时的集合 S1，记录一次遍历矩阵后选择出来的所有入度为 0 的顶点集合。遍历完成后，把这个集合统一加到序列中，再开始下一次循环。

测试一下：

```
def buildGraph():
    MAX_INT=9999
    M=MAX_INT
    vertex=['a','b','c','d','e','f','g']
```

```
        edge=[[M,M,M,M,M,M,1],
              [1,M,M,1,M,M,M],
              [M,M,M,M,M,1,1],
              [M,M,M,M,1,1,M],
              [M,M,M,M,M,M,M],
              [M,M,M,M,M,M,M],
              [M,M,M,M,M,M,M]
              ]
        return Graph(vertex,edge)

    udg=buildGraph()
    print(udg.toposort())
```

运行结果：

```
    [1, 2, 0, 3, 4, 5, 6]
```

这样得出了这个序列。

需要注意，拓扑排序并没有确定的次序，上面的实现是一次遍历完整个矩阵，把所有入度为 0 的顶点读取出来。也可以修改这个实现，每次只读取一个入度为 0 的顶点，然后循环处理，这样得到的次序是不同的。

还是对上图，先只选择一个入度为 0 的顶点 B，删掉 B 后得到下图。

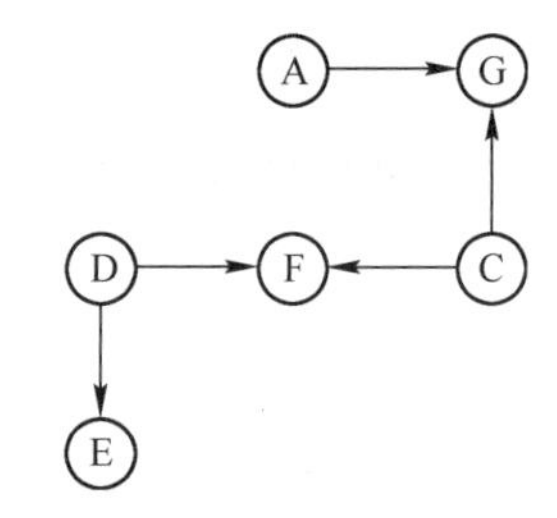

序列是 B。

再删除剩下的点中入度为 0 的顶点 A，删掉 A 后得到下图。

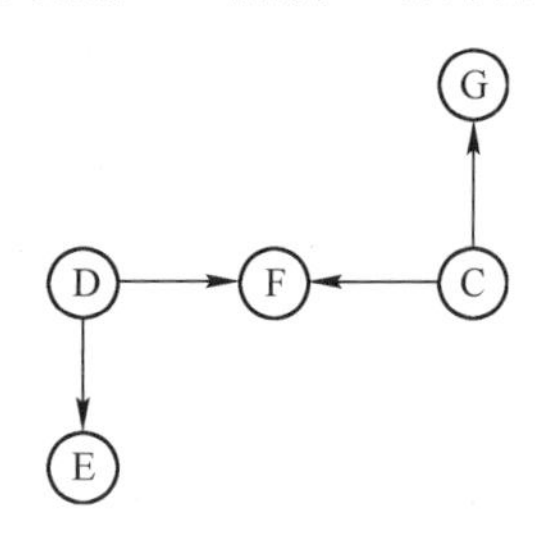

序列是 B A。

这样一步步下来，得到最后的序列 B A C D E F G。

修改一下代码：

```
    def toposort1(self):
        S=[]
```

```
        while len(self.edge)-len(S)>0:
            for j in range(len(self.edge)):
                if j in S:
                    continue
                flagj=0
                for i in range(len(self.edge)):
                    if i in S:
                        continue
                    if self.edge[i][j]!=self.MAX_INT:
                        flagj=1
                        break
                if flagj==0: #in degree is 0
                    S.append(j)
                    break

        return S
```

因为每次读取一个顶点后就循环处理，所以不用 S1 暂记本轮所有入度为 0 的顶点了，直接 break 这个轮次，重新循环。

测试运行后的结果：

```
[1, 0, 2, 3, 4, 5, 6]
```

有了这个拓扑排序序列后，迭代器就比较容易做了，起始可以将这个拓扑排序序列当成迭代器的迭代次序。读者可以自己编写这个迭代器。

6.11 最短路径（Dijkstra 算法）

考虑无向有权图，从图的某顶点出发，沿图的边到达其他顶点所经过的路径中，各边上权值之和最小的一条路径叫作最短路径。

有好几种算法可以得出最短路径，这里介绍 Dijkstra 算法的实现。其由软件大师 Dijkstra 在 1959 年提出。

Dijkstra 算法采用的是贪心思想。它以起始点开始向外层层扩展，直到扩展到所有节点为止。

算法把顶点集合 V 分成两部分，第一部分 S 是已经求出最短路径的顶点，第二部分 T 是还没有求出最短路径的顶点集合，根据定义可以知道 T=V−S。

Step 0：初始时，把起始点 V0 加入 S 中，S={V0}，T=V−S={V1,V2,…,Vm}。

用一个数组 D 记录起始点到各点的最短路径。初始值为 V0 到各个点的距离，这个可以从邻接矩阵中直接获取到。D=[0,…,Wi/MAX,…]。

Step1：从 T 集合中选择一个顶点 Vk，这个顶点在 D 数组中最小，也就是说这是现有最短路径能扩展开的新的最短路径了，另一种表述是 Vk 是离集合 S 最近的顶点。

Step2：把 Vk 加入 S 集合，现在 S={原{S}，Vk}，T=V−S（拿掉了 Vk），并且修正最短距离：对 T 集合中的各个点 Vi，从邻接矩阵中拿到 Vk 到该点的权 W[Vk,Vi]，如果最短距离数组中该点的值 D[Vi]>D[Vk]+W[Vk,Vi]，则更新值 D[Vi]=D[Vk]+W[Vk,Vi]。说得直白一点，也就是以刚才的 Vk 点作为中转站，如果中转的走法更短，就取中转的走法。

Step 3：循环 Step1 和 Step2，直到集合 T 为空。

下面通过一个图示看如何一步一步求得最短路径。

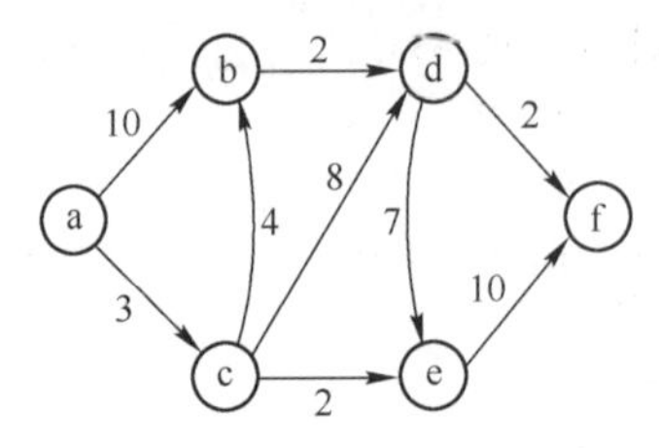

对上面的图 G=(V,E)，用邻接矩阵表示（M 表示无穷大，没有路）：

```
Vertex={a,b,c,d,e,f}
V={0,1,2,3,4,5}
E=[  [0,10,3,M,M,M],
     [M,0,M,2,M,M],
     [M,4,0,8,2,M],
     [M,M,M,0,7,2],
     [M,M,M,M,0,10],
     [M,M,M,M,M,0]
     ]
```

初始化时，把顶点 a 放到 S 中，S={a}，T=V-S={b,c,d,e,f}；还要根据邻接矩阵把与 a 相关的距离放到距离数组 D 中：D=[0,10,3,M,M,M]。

0	10	3	M	M	M

接下来进入循环，从 T 集合{b,c,d,e,f}中选择一个顶点 Vk，这个顶点在 D 数组中最小，可以看到是顶点 c，它在 D 数组中的值为 3，而顶点 b 的值为 10，其他点的值为 M，所以挑出这个点 c。把顶点 c 加入 S 中：

S={a,c}，T=V-S={b,d,e,f}。

先从最短距离数组 D 中得到顶点 c 的值 3。对 T 中的 4 个顶点 b、d、e、f，从邻接矩阵 E 中得到从 c 到它们权值[4,8,2,M]，计算 D[c]+Wi，得到[7,11,5,M]。从现有最短距离数组 D 中得到它们的最短路径[10,M,M,M]，进行比较，7<10，11<M，5<M。所以修正数组 D 如下：D=[0,7,3,11,5,M]。

0	7	3	11	5	M

这样处理完顶点 c，接着进行下一轮循环。

从 T 集合{b,d,e,f}中选择一个顶点 Vk，这个顶点在 D 数组中最小，可以看到是顶点 e，它在 D 数组中的值为 5，最小，所以挑出这个点 e。把顶点 e 加入 S 中：

S={a,c,e}，T=V-S={b,d,f}。

先从最短距离数组 D 中得到顶点 e 的值 5。对 T 中的 3 个顶点 b、d、f，从邻接矩阵 E

中得到从 e 到它们权值[M,M,10]，计算 D[e]+Wi，得到[M,M,15]。从现有最短距离数组 D 中得到它们的最短路径[7,11,M]，进行比较，15<M。所以修正数组 D 如下：D=[0,7,3,11,5,15]。

0	7	3	11	5	15

这样处理完顶点 e，接着进行下一轮循环。

从 T 集合{b,d,f}中选择一个顶点 Vk，这个顶点在 D 数组中最小，可以看到是顶点 b，它在 D 数组中的值为 7，最小，所以挑出这个点 b。把顶点 b 加入 S 中：

S={a,c,e,b}，T=V−S={d,f}。

先从最短距离数组 D 中得到顶点 b 的值 7。对 T 中两个顶点 d、f，从邻接矩阵 E 中得到从 b 到它们权值[2,M]，计算 D[e]+Wi，得到[9,M]。从现有最短距离数组 D 中得到它们的最短路径[11,15]，进行比较，9<11。所以修正数组 D 如下：D=[0,7,3,9,5,15]。

0	7	3	9	5	15

这样处理完顶点 b，接着进行下一轮循环。

从 T 集合{d,f}中选择一个顶点 Vk，这个顶点在 D 数组中最小，可以看到是顶点 d，它在 D 数组中的值为 9，最小，所以挑出这个点 d。把顶点 d 加入 S 中：

S={a,c,e,b,d}，T=V−S={f}。

先从最短距离数组 D 中得到顶点 d 的值 9。对 T 中一个顶点 f，从邻接矩阵 E 中得到从 d 到它们权值[2]，计算 D[e]+Wi，得到[11]。从现有最短距离数组 D 中得到它们的最短路径[15]，进行比较，11<15。所以修正数组 D 如下：D=[0,7,3,9,5,11]。

0	7	3	9	5	11

这样处理完顶点 f，接着进行下一轮循环。

从 T 集合{f}中选择一个顶点 Vk，这个顶点在 D 数组中最小，可以挑出这个点 f。把顶点 f 加入 S 中：

S={a,c,e,b,d,f}，T=V−S={}。

T 已经空了，循环结束。

代码如下：

```
def Dijkstra(self,idx):
    S=[] #S array
    S.append(idx)
    T=[] #T array
    for i in self.v:
        T.append(i)
    T.remove(idx)
    D=[] #distance array
    for i in self.edge[idx]:
        D.append(i)
```

```
        while len(T)>0:
            #step 1: get minimun distance vertex
            mindis=self.MAX_INT
            mink=0
            for k in T:
                if D[k]<mindis:
                    mindis=D[k]
                    mink=k
            S.append(mink) #append new vertex to S
            T.remove(mink) #remove new vertex from T
            #step 2:adjust distance array
            for i in T:
                if mindis+self.edge[mink][i]<D[i]:
                    D[i]=mindis+self.edge[mink][i]
        return D
```

测试代码：

```
def buildGraph():
    MAX_INT=9999
    M=MAX_INT
    vertex=['a','b','c','d','e','f']
    edge=[  [0,10,3,M,M,M],
            [M,0,M,2,M,M],
            [M,4,0,8,2,M],
            [M,M,M,0,7,2],
            [M,M,M,M,0,10],
            [M,M,M,M,M,0]]
    return Graph(vertex,edge)

udg=buildGraph()
print(udg.Dijkstra(0))
```

运行结果：

```
[0, 7, 3, 9, 5, 11]
```

6.12 关键路径 CP

关键路径是指计划管理中从起点到终点经过的延时最长的逻辑路径。

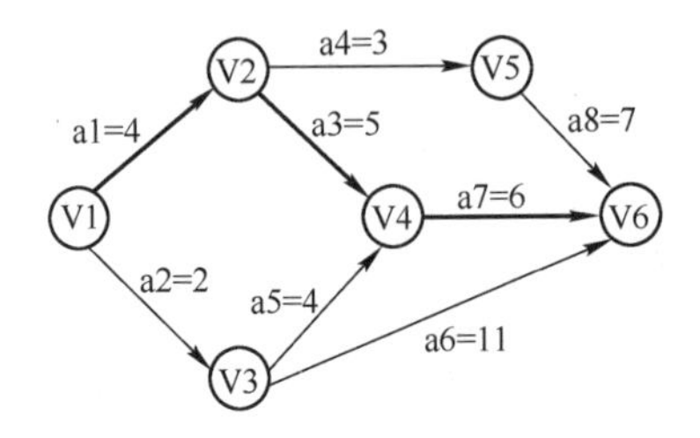

这个图中，最长的那条路径是 V1 $\xrightarrow{a1}$ V2 $\xrightarrow{a3}$ V4 $\xrightarrow{a7}$ V6，总长度为 15。如果这个图表示的是一个工程的任务安排，那么这条路径上的顶点和活动，一个都不能延迟，否则会导致整个工程延期。

为了不延迟，需要知道各个环节最晚要什么时候开始，可以倒推。V6 是终点，设为 0；对 V4，因为 a7 这个活动要持续 6 天，所以最晚开始时间是-6（0-6），再晚就会使得有序的 V6 延迟了；对 V2，最晚开始时间是-11（0-6-5），经过的活动是 a7 和 a3，另外一条路径也可以，就是 a8 和 a4，结果是-10（0-3-7），可是不能这么晚才开始，如果走这条路，只剩下 10 天工期，将完成不了 a3 和 a7。计算规则是 V2 的所有后驱顶点的最晚开始时间减去活动的持续时间的最小值。同理，对 V1，最晚的开始时间是-15（0-6-5-4）。

有了最晚开始的时间，还要再算一下最早开始的时间。用顺推的办法，V1 是源点，设为 0；对 V2，最早开始肯定是在日期 4，因为它之前有一个活动 a1 要持续 4 天时间；对 V4，它的最早开始肯定是在日期 9，因为它之前要经过 a1 和 a3 两个活动，虽然经过 a2 和 a5 也是可以的，这两个活动加在一起是 6 天，但是它们完成后，V4 还是不能开始的，因为 a1 和 a3 还没有完。计算规则就是 V4 的所有前驱顶点的最早开始时间加上活动的持续时间的最大值；同理，对 V6，最早开始就是在日期 15（4+5+6）。

先考虑最简单的情况，如果一个图退化成一个线性表，比如上图只剩下 V1、V2、V4、V6 这四个顶点，其实没有什么好计算的，最早开始时间的计算就是一个一个点往后加，最晚开始时间的计算就是从最后一个一个点往前减。为什么可以这样？因为这是一个线性序列，每个点只有一个前驱一个后驱。

但是对于普通的图，就不能用这种方法了，因为一个点有多个前驱也有多个后驱。按照工程安排的说法，有些活动的安排是并发进行的。所以得检查所有的前驱和后驱。

这里频繁地提到了前驱和后驱，意味着这些顶点之间的计算是有先后次序的。所以要先通过拓扑排序把顶点的次序和逆次序得到。

对上图，得到拓扑排序序列 V1,V2,V3,V4,V5,V6，逆序列就是 V6,V5,V4,V3, V2,V1。

可以用拓扑序列来计算各个顶点的最早开始时间 ETV。

- V1，这是源点，ETV[V1]=0。
- V2，它的前驱是 V1，ETV[V2]=ETV[V1]+W[V1,V2]=0+4=4。
- V3，它的前驱是 V1，ETV[V3]=ETV[V1]+W[V1,V3]=0+2=2。
- V4，它的前驱是 V2 和 V3，ETV[V4]=max(ETV[V2]+W[V2,V4], ETV[V3]+W[V3,V4])=9。
- V5，它的前驱是 V2，ETV[V5]=ETV[V2]+W[V2,V5]=4+3=7。
- V6，它的前驱是 V3，V4 和 V5，ETV[V6]=max(ETV[V3]+W[V3,V6], ETV[V4]+W[V4, V6], ETV[V5]+W[V5,V6])=max(2+11, 9+6, 7+7)=15。

下面用一段代码计算各个顶点的最早开始时间。

```
def getPrenodes(self,idx): #前驱顶点
    N=[]
    for i in range(self.vsize):
        if self.edge[i][idx]!=self.MAX_INT:
            N.append(i)
    return N
```

```
    def getETV(self):
        TOPOS=self.toposort() #topo serial
        ETV=[0]*self.vsize
        for vidx in TOPOS: #对每一个顶点，求最早开始时间
            prenodes=self.getPrenodes(vidx) #得到前驱
            if len(prenodes)>0: #有前驱,求 max(前驱 ETV+活动持续时间)
                maxlen=0
                for n in prenodes:
                    if maxlen<ETV[n]+self.edge[n][vidx]:
                        maxlen=ETV[n]+self.edge[n][vidx]
                ETV[vidx]=maxlen
            else: #没有前驱，源点
                ETV[vidx]=0

        return ETV
```

用上图进行测试：

```
        vertex=['V1','V2','V3','V4','V5','V6']
        edge=[[M,4,2,M,M,M],
              [M,M,M,5,3,M],
              [M,M,M,4,M,11],
              [M,M,M,M,M,6],
              [M,M,M,M,M,7],
              [M,M,M,M,M,M]
              ]

    udg=buildGraph()
    print(udg.getETV())
```

运行结果：

```
    [0, 4, 2, 9, 7, 15]
```

有了最早开始时间的办法，求最晚开始时间就用类似的办法，逆推。对上图，可以得到拓扑排序序列 V1,V2,V3,V4,V5,V6，逆序列就是 V6,V5,V4,V3,V2,V1。

可以用逆拓扑序列来计算各个顶点的最晚开始时间 LTV。

- V6，这是终止点，LTV[V6]=0。
- V5，它的后驱是 V6，LTV[V5]=LTV[V6]−W[V5,V6]=0−7=−7。
- V4，它的后驱是 V6，LTV[V4]=LTV[V6]−W[V4,V6]=0−6=−6。
- V3，它的后驱是 V4 和 V6，LTV[V3]=min(LTV[V4]−W[V3,V4], LTV[V6]−W[V3,V6])=−11。
- V2，它的后驱是 V4 和 V5，LTV[V2]=min(LTV[V4]−W[V2,V4],LTV[V5]−W[V2,V5])=−11。
- V1，它的后驱是 V2 和 V3，LTV[V1]=min(LTV[V2]−W[V1,V2], LTV[V3]−W[V1,V3])=−15。

代码如下：

```
    def getPostnodes(self,idx): #后驱顶点
        N=[]
        for j in range(self.vsize):
            if self.edge[idx][j]!=self.MAX_INT:
                N.append(j)
        return N

    def getLTV(self):
        RTOPOS=self.toposort()
        RTOPOS.reverse() #topo serial reverse
        LTV=[self.MAX_INT]*self.vsize
        for vidx in RTOPOS: #对每一个顶点，求最晚开始时间
            postnodes=self.getPostnodes(vidx) #得到后驱
            if len(postnodes)>0: #有后驱,求 min(后驱 ETV-活动持续时间)
                minlen=self.MAX_INT
                for n in postnodes:
                    if minlen>LTV[n]-self.edge[vidx][n]:
                        minlen=LTV[n]-self.edge[vidx][n]
                LTV[vidx]=minlen
            else: #没有后驱，终止点
                LTV[vidx]=0

        return LTV
```

测试结果如下：

```
    [-15, -11, -11, -6, -7, 0]
```

到现在为止，得到了图中每个顶点的最早开始时间和最晚开始时间。最终在实际使用这个 LTV 的时候，终止顶点不是给的 0 值，而是给的最早开始时间的最大的值，一是因为不想用负数，二是之后需要比较 ETV 和 LTV。所以上图最后 LTV 会变换成[0, 4, 4, 9, 8, 15]。

变换代码如下：

```
    #变换为正值
    maxv=-1*min(LTV)
    LTV=list(map(lambda x: x + maxv, LTV))
```

根据上面的 ETV 和 LTV，来计算每条边的最早开始 ETE 和最晚开始 LTE（工程计划中，边代表活动），这是比较容易计算出来的。

- ETE[i,j]=ETV[i]，一条连接 Vi 和 Vj 的边，它的最早开始就是顶点 Vi 的最早开始。
- LTE[i,j]=LTV[j]-W[i,j]，一条连接 Vi 和 Vj 的边，它的最晚开始就是顶点 Vj 的最晚开始减去活动持续时间。

代码如下：

```
    def getETE(self):
        ETE=[[self.MAX_INT]*self.vsize for i in range(self.vsize) ]
```

```
        ETV=self.getETV()
        for i in range(self.vsize):
            for j in range(self.vsize):
                if self.edge[i][j]!=self.MAX_INT:
                    ETE[i][j]=ETV[i]
        return ETE

    def getLTE(self):
        LTE=[[self.MAX_INT]*self.vsize for i in range(self.vsize) ]
        LTV=self.getLTV()
        for i in range(self.vsize):
            for j in range(self.vsize):
                if self.edge[i][j]!=self.MAX_INT:
                    LTE[i][j]=LTV[j]-self.edge[i][j]
        return LTE
```

到现在这个时候，得出了每条边的最早开始和最晚开始，如果某条边的最早开始和最晚开始是一样的值，说明这个活动不能早开始也不能晚开始，一点富余都没有，就说明这是关键活动，这些关键活动连在一起就是关键路径。

把 ETE 最早开始和 LTE 最晚开始的差叫作时间余量 TM，可以简单计算出来：

```
    def getTM(self):
        ETE=self.getETE()
        LTE=self.getLTE()
        TM=[[self.MAX_INT]*self.vsize for i in range(self.vsize) ]
        for i in range(self.vsize):
            for j in range(self.vsize):
                if self.edge[i][j]!=self.MAX_INT:
                    TM[i][j]=LTE[i][j]-ETE[i][j]
        return TM
```

最后打印出时间余量为 0 的这些关键路径：

```
    def CP(self):
        TM=self.getTM()
        for i in range(self.vsize):
            for j in range(self.vsize):
                if TM[i][j]==0:
                    print(i,j)
```

测试运行结果：

```
0 1
1 3
3 5
```

表示 V1-V2-V4-V6 四个顶点三条边组成的路径。

到此就把几种典型的数据结构的基本操作介绍完了。计算机编程课中，笔者认为数据结构最重要。虽然现在的语言和工具集已经提供了丰富的结构和实用的实现，但是并不表示不需要深入理解。数据结构是一门抽象、研究数据集合和集合中元素之间关系的学科，很锻炼学习者的逻辑思考、理解能力。有了这些知识，就能走得更远，不仅仅只是在重复日常的“搬砖”工作。这些基础知识会为读者提供源源不断的动力。

第 7 章

查找与排序

查找数据是使用频率最高的功能，为了快速查找，需要对数据进行排序。针对不同的场景，人们想出了不同的算法。读者在学习过程中要认真梳理、对比分析，不要陷入“乱花渐欲迷人眼”的境地，而最后要能跳出来“远观”它们，体会“万紫千红总是春”的喜悦。

7.1 查字典——冒泡排序

人们平时都会查字典，纸质的、电子的都有。现在来尝试自己做一个英汉字典。简单地说，字典就是一个英语和汉语的对照表，一个个排下去。查找的时候，拿着用户的单词在字典中查找比对。

回想一下平时查字典的方法，会先找到大概的地方，然后逐步精准，不会从头到尾一个个比对，那样效率太低。

但是，这样做有一个前提条件，就是字典是排好了序的，没有次序的字典只能从头到尾一个个比对。

下面先看如何排序。两个数字可以比大小，两个字母如何比大小？一般的方法是按照字母次序比较，也叫字典次序。

假设有几个单词：xerox、abandon、yell、concise、test、binary，如何排序？最简单的思路：用第一个位置与后面所有的位置的单词比对，如果后面的小，则把小的换到第 1 个位置，这样扫描完了整个列表后，第一个位置就成了最小的。然后用第 2 个位置与后面所有的位置的单词比对，如果后面的小，则把小的换到第 2 个位置来，这样扫描完了整个列表后，第 2 个位置就成了次小的，以此类推。

原始排列如下。

0	1	2	3	4	5
xerox	abandon	yell	concise	test	binary

首先，用第 1 个（位置编号为 0）单词为 xerox，与位置编号为 1 的单词 abandon 比对，后面的小，所以交换一下位置，交换后的列表如下。

0	1	2	3	4	5
abandon	xerox	yell	concise	test	binary

接着，用第 1 个（位置编号为 0）单词为 abandon，与位置编号为 2 的单词 yell 比对，

后面的大，所以不动。

然后，用第 1 个（位置编号为 0）单词为 abandon，与位置编号为 3 的单词 concise 比对，后面的大，还是不动。这样一直到位置编号为 5 的单词，一直都是位置编号为 0 的小。这样扫描完了第一遍。

再开始第 2 遍比较，用第 2 个（位置编号为 1）单词为 xerox，与位置编号为 2 的单词 yell 比对，后面的大，所以不动。

继续用第 2 个（位置编号为 1）单词为 xerox，与位置编号为 2 的单词 concise 比对，后面的小，所以交换一下，交换后的列表如下。

0	1	2	3	4	5
abandon	concise	yell	xerox	test	binary

一直继续，直到最后完全排好序，如下表。

0	1	2	3	4	5
abandon	binary	concise	test	xerox	yell

从列表的排序可以看出，第 1 遍把最小的排到了最前面，第 2 遍把次小的排到第 2 个，以此类推，有点像气泡往上冒，所以这个算法也叫冒泡排序。

程序其实很简单：

```
ewords=["xerox","abandon","yell","concise","test","binary"]
for i in range(0,len(ewords)-1):
    for j in range(i+1,len(ewords)):
        if ewords[i]>ewords[j]:
            temp = ewords[i]
            ewords[i] = ewords [j]
            ewords[j] = temp
```

核心是一个两重循环，需一个一个判断。

这个算法直观、简单，不过性能不好。假设有 N 个数据，第 1 遍要比对 $N-1$ 次，第 2 遍要比对 $N-2$ 次，所以次数为（$N-1$）*$N/2$。即此算法的时间复杂度是 O（n^2）级别的。

排序是所有查找的前提，无比重要，所以有很多排序算法，后面会介绍到。

7.2 每次吃最甜的葡萄——选择排序

还有一种简单的排序，叫选择排序。即第 1 趟从 N 个数据中选最小的放到序列第一位，第 2 趟从剩下的 $N-1$ 个数据中选最小的放到序列第 2 位，以此类推。

有了冒泡排序的基础，选择排序很类似，在此不详细解释，代码如下：

```
def selectionsort(arr):
    for i in range(len(arr)-1): #对每一个元素
        min_index = i
        for j in range(i + 1, len(arr)): #后面的元素逐个比较，找到最小的元素
            if arr[j] < arr[min_index]:
```

```
                min_index = j
            # 把最小交换到前面的位置
            arr[min_index], arr[i] = arr[i], arr[min_index]
        return arr
```

测试一下：

```
print(selectionsort([5,2,9,15,3,5,11,17,18,10]))
```

运行结果：

```
[2, 3, 5, 5, 9, 10, 11, 15, 17, 18]
```

它的性能也不是很好的，与冒泡排序一样，都是 $O(n^2)$ 级别的。

7.3 抓牌看牌——插入排序

7.3.1 先来描述一下场景

插入排序几乎人人都会用到，玩扑克牌时会不自觉地用到这个算法。下面看一看这个过程。

开始时手上是空的，一张牌都没有。

第 1 张牌摸了一个 5，现在手上的牌是 5。

第 2 张牌摸了一个 8，手上已经有了一张牌为 5，8 比 5 大，放到 5 的后面。现在左手上的牌是 5、8。

第 3 张牌摸了一个 3，手上已经有的牌为 5、8，3 比 5 小，放到 5 的前面。现在手上的牌是 3、5、8。

第 4 张牌摸了一个 6，手上已经有的牌为 3、5、8，6 比 3 和 5 大，比 8 小，放到 5 和 8 之间。现在左手上的牌是 3、5、6、8。

...

大部分人玩牌时都是不自觉地这么整理手上的牌的。这个整理办法简单地说就是每次都往一个已经排好序的数列中再插入一个新数。

7.3.2 进入 Python

先用简单的办法，拿出一个数，与它之前排好序的数列中的数挨个比较，放到合适的位置：

```
class SimpleInsertSorter():
    def sort(arr):
        for j in range(1,len(arr)):
            k=j
            while arr[k]<arr[k-1] and k>0: #找这个数据之前的数据，插入合适位置
                arr[k],arr[k-1]=arr[k-1],arr[k]
                k-=1
```

测试一下：

```
a=[5,3,8,23,11,10,9,35,12,11,34,10,2,1,25,18,29]
SimpleInsertSorter.sort(a)
print(a)
```

简单插入排序的性能不高，需要逐个扫描，每一个还要循环处理，所以时间复杂度是 O（n^2）。

可以稍微改进一下，既然某个数前面的序列已经排好序了，那么就不用一个一个找了，改成二分查找就可以了。找到这个位置后，要插入新数据，需要把别的数据挪动一个位置。

改进型插入排序的性能分析有点复杂，对 N 个数，每一次在排好序的数列中查找合适的位置需要的次数为 O（log2n），但是平均又需要移动位置 N/2 次，所以整个算法最坏的情况是 O（n^2）次。还是与冒泡排序一个级别。不适合大量数据的情况。

下面看程序如何实现，先编写一个函数，把一个数插入一个已经排序的列表中，保持排序：

```
def sort(newarr, value):
    length=len(newarr)
    low=0
    high=length-1
    idx = (low + high) // 2
    while high>low: #二分查找
        if value>newarr[idx]:
            low = idx+1
            if high<low:
                break
            idx = (low + high) // 2
        elif value<newarr[idx]:
            high = idx-1
            if high<low:
                break
            idx = (low + high) // 2
        else :
            break;

    newarr.append(0) #增加一个位置

#跳出二分循环后，idx 指向的是离 value 最近的那个位置
    if newarr[idx]<value    and idx==length-1: #最后一个位置
        newarr[len(newarr)-1]=value
    elif newarr[idx]<value    and idx!=length-1: #比中间位置大，放后面
        for i in range(0,length-idx-1):
            newarr[len(newarr)-i-1]=newarr[len(newarr)-i-2]
        newarr[idx+1]=value
    else: #比中间位置小，放前面
        for i in range(0,length-idx):
```

```
                newarr[len(newarr)-i-1]=newarr[len(newarr)-i-2]
            newarr[idx]=value

        print(newarr)
        return newarr
```

因为 newarr 是一个已经排好序的列表，所以使用二分查找法找最接近于 value 的位置，之后增加一个位置，移动大于 value 的那些值，再把 value 放到合适的位置。

有了下面这个函数，排序就简单了：

```
def insertsort(arr):
    newarr=[]
    for i in arr:
        sort(newarr, i)
```

将列表中的元素一个一个放到排序列表中即可。

测试一下：

```
a=[5,8,3,6,10,9,2,7]
print(a)
insertsort(a)
```

运行结果：

```
[5, 8, 3, 6, 10, 9, 2, 7]
[5]
[5, 8]
[3, 5, 8]
[3, 5, 6, 8]
[3, 5, 6, 8, 10]
[3, 5, 6, 8, 9, 10]
[2, 3, 5, 6, 8, 9, 10]
[2, 3, 5, 6, 7, 8, 9, 10]
```

7.4 向左向右看齐——快速排序

现在再看看快速排序。

7.4.1 先来分而治之

快速排序采用的是分而治之的原则，基本思路是，随便先选择一个数，比如第一个数，以它为基准，按照一定的办法把比它小的放到它前面，比它大的放到它后面，这样整个数据序列就整体分成了小和大两组，然后在每一组中继续这个操作。

看一个例子，假定有这么一个数字序列：

0	1	2	3	4	5	6	7	8	9
72	6	57	88	60	42	83	73	48	85

先把第一个数 72 拿出来，以它为基准去比对并分成两堆。

pivot = 72

拿出来之后，数字序列就出来了一个空，如下所示。

0	1	2	3	4	5	6	7	8	9
	6	57	88	60	42	83	73	48	85

现在就要去序列中找一个合适的数字填空。按照这个办法找，这个基准数是从最左边读取的，现在空也在最左边，所以从最右边开始找数。

最右边位置 9 的数是 85，比基准数 72 要大，位置减 1，往左移动一格，得到位置 8 的数 48，比 72 小，就把这个数拿出来填空，如下所示。

0	1	2	3	4	5	6	7	8	9
48	6	57	88	60	42	83	73		85

这时，空就换到位置 8 了。再反向从左往右找，从位置 1 开始（因为位置 0 已经填好空了），这个数是 6，比 72 小，位置加 1，往右移动一格，得到位置 2 的数，是 57，还是比 72 小，位置加 1，往右移动一格，得到位置 3 的数 88，比 72 大，就把这个数拿出来填空，如下所示。

0	1	2	3	4	5	6	7	8	9
48	6	57		60	42	83	73	88	85

这时，空就换到位置 3 了。再反向从右往左找，从位置 7 开始（因为位置 8 已经填好空了），这个数是 73，比 72 大，位置减 1，往左移动一格，得到位置 6 的数，是 83，比 72 大，位置减 1，往左移动一格，得到位置 5 的数 42，比 72 小，就把这个数拿出来填空，如下所示。

0	1	2	3	4	5	6	7	8	9
48	6	57	42	60		83	73	88	85

这时，空就换到位置 5 了。再反向从左往右找，从位置 4 开始（因为位置 3 已经填好空了），这个数是 60，比 72 小，位置加 1，往右移动一格，位置为 5，碰到了空格，于是这一遍就结束了。把 72 放到位置 5，如下所示。

0	1	2	3	4	5	6	7	8	9
48	6	57	42	60	**72**	83	73	88	85

到此，整个数列，位置 5 左边的都比 72 小，右边的都比 72 大，成了局部有序的。接下来就按照同样的办法把位置 0～4 的子序列排序，把位置 6～9 的子序列排序。

0	1	2	3	4
48	6	57	42	60

pivot=48

拿出来 48，有了空，如下所示。

0	1	2	3	4
	6	57	42	60

从右边开始比对，到了位置 3，数为 42，比 48 小，填空，如下所示。

0	1	2	3	4
42	6	57		60

再从左边开始比对，到了位置 2，数为 57，比 48 大，填空，如下所示。

0	1	2	3	4
42	6	**48**	57	60

按照这个递归的办法这么一步一步排序。

7.4.2 开始编写快速排序程序

从程序实现上，是按照递归一遍一遍执行的，对每一遍来讲，需要三个标记，一个标记空的位置，一个标记左限，一个标记右限。

先看如何实现第一遍比较：

```
def swap(arr,pivotIndex,left):
    arr[pivotIndex],arr[left]=arr[left],arr[pivotIndex]
def partition(arr,start,end):
    pivotIndex = start #初始，空在最左边
    pivot = arr[start] #基准值初始化为最左边的数
    left = start+1
    right = end
    while right>=left:
        while right>=left and arr[right]>=pivot: #从右开始逐个比对，大就继续比对
            right-=1
        if right>=left: #右边找到了一个小于基准值的，交换填空
            swap(arr,pivotIndex,right)
            pivotIndex=right
            right-=1
        while left<=right and arr[left]<=pivot:#从左开始逐个比对，小就继续比对
            left+=1
        if left<=right:#左边找到了一个大于基准值的，交换填空
            swap(arr,pivotIndex,left)
            pivotIndex=left
            left+=1
return pivotIndex
```

程序对一个列表的某一段范围的数列按照某个基准值进行分割，解释已经写到代码中了。交换数据的语句如下：

```
arr[pivotIndex],arr[left]=arr[left],arr[pivotIndex]
```

这是 Python 比较特殊的表达。

测试一下：

```
a = [72,6,57,88,60,42,83,73,48,85]
i=partition(a,0,len(a)-1)
print(i)
print(a)
```

运行结果为：

```
5
[48, 6, 57, 42, 60, 72, 83, 73, 88, 85]
```

可以一步步跟踪，看这一遍是如何填空的。

现在有了某一遍的程序，在外面再套一个递归，把过程演练完：

```
def quicksort(arr,start,end):
    index = partition(arr, start, end)
    if index > start:
        quicksort(arr, start, index - 1)
    if index < end:
        quicksort(arr, index + 1, end)
    return arr
```

测试一下：

```
a = [72,6,57,88,60,42,83,73,48,85]
print(quicksort(a,0,len(a)-1))
```

运行结果：

```
[6, 42, 48, 57, 60, 72, 73, 83, 85, 88]
```

快速排序的一次划分算法从两头交替搜索，直到 low 和 high 重合，因此其时间复杂度是 $O(n)$；而整个快速排序算法的时间复杂度与划分的趟数有关。理想情况下，每次划分所选择的中间数将当前序列几乎等分，经过 $\log_2 n$ 趟划分，便可得到长度为 1 的子表。这样，整个算法的时间复杂度为 $O(n\log_2 n)$。但是如果运气不好，最坏的情况是，每次所选的中间数是当前序列中的最大或最小元素（也就是序列本来就是基本有序的），那么就退化成 $O(n^2)$。

平均而言，快速排序确实性能提高了很多。

快速排序是由英国著名科学家 Hoare 提出的。

7.5 先分叉再排序——堆排序

7.5.1 先理解堆排序思路

要了解堆排序，先看什么是堆。如果一个序列、元素之间符合堆序，就叫作堆，所谓堆序就是：$E[i]>=E[2i]$ 并且 $E[i]>=E[2i+1]$，或者是 $E[i]<=E[2i]$并且 $E[i]<=E[2i+1]$，注意这

里的下标 i 是从 1 开始的。如[9,5,8,3,2,7,6]就是堆序的。第一个元素 9 比第二、第三个大，第二个元素 5 比第四、第五个大，第三个元素 8 比第六、第七个大，以此类推。

上面的例子，前面的元素比后面大，说明最大的在序列开头，叫作 Max-Heap；如果前面的元素比后面小，说明最小的元素在序列开头，叫作 Min-Heap。

从概念上讲，堆对应一棵完全二叉树，父节点的值总是比子节点要大（或者小）。如果序列下标从 0 开始算，则节点 i 的左子节点位置为 $2*i+1$，右子节点位置为 $2*i+2$，而反过来算子节点 i 的父节点在位置$(i-1)//2$。

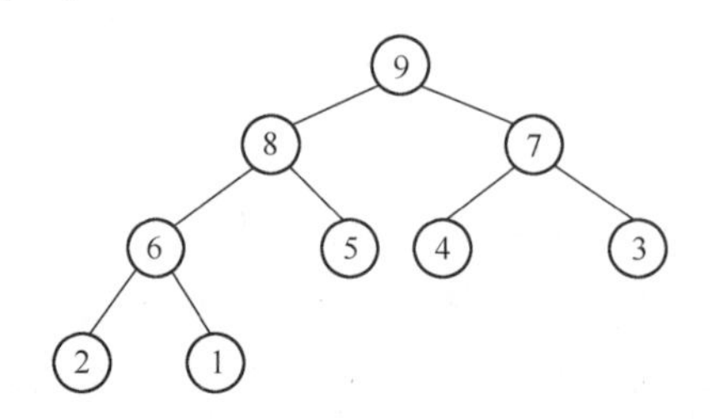

堆排序的基础是基于堆进行排序，假设有一个堆，然后按照下面的步骤进行循环：读取第一个元素（对于 Max-Heap 就是最大元素），将剩下的元素重新建成堆。

拿掉第一个元素后，如何才能让剩下的元素仍然是一个堆。

既然第一个元素被取出，那么这个位置（根）就空出来了，用最后的那个元素填到这个空位置来。这样的效果肯定不再满足堆序了。按下面的规则进行调整：比较空位置和与其所对应的子节点的值（可能有两个子节点，取值大的那个子节点），当空节点的值比子节点的值要小时，就把空节点和子节点所对应的值交换。之后从被交换的子节点位置处继续这样循环比较，直到节点大于子节点值，或者是找到序列的末尾了。

以堆序列[9,5,8,3,2,7,6]为例，思维上可以把它理解为这样一棵树。

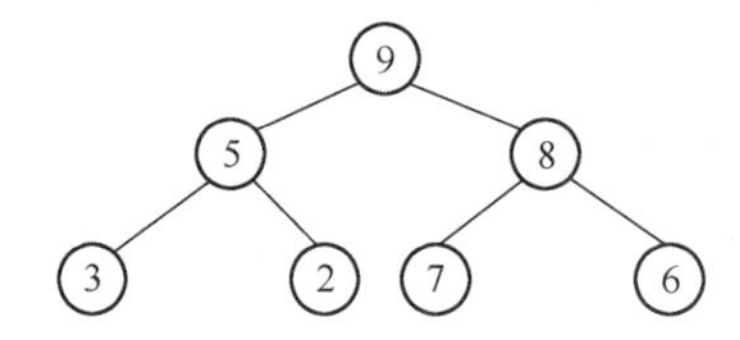

这是一棵事先创建好的 Max-Heap 堆。先读取出第一个元素也是最大的元素 9，堆变成了这个样子。

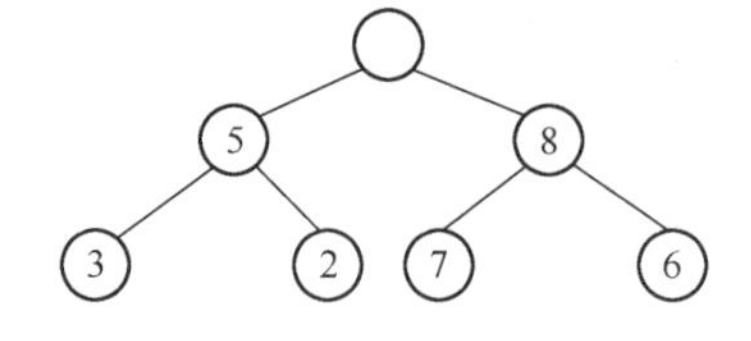

根成了空位置，用最后一个元素 6 填空，得到如下堆。

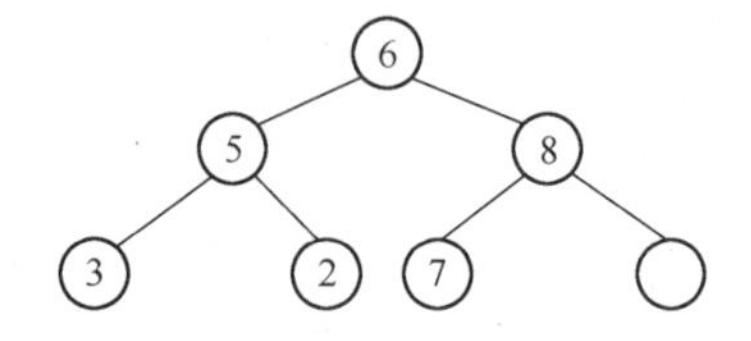

元素 6 填到空位置后，堆序被破坏了。位置 6 的子节点，左子节点为 5，右子节点为 8，根据算法，确定要处理 8，跟空位置比较，6 比 8 小，所以交换，得到如下堆。

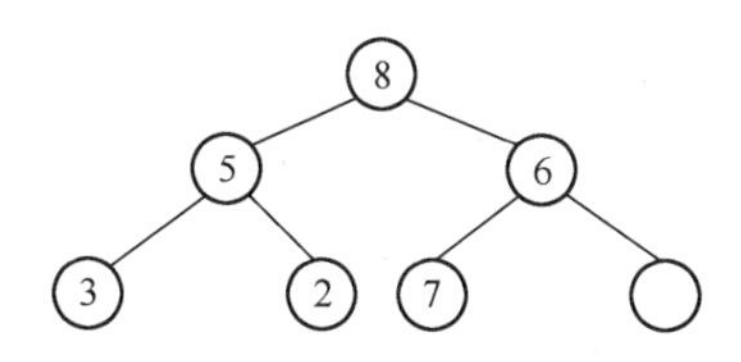

然后当前位置就变成 6 这个新位置了，再次比较，元素 6 只有一个左子节点 7，6 比 7 小，再次交换，得到如下堆。

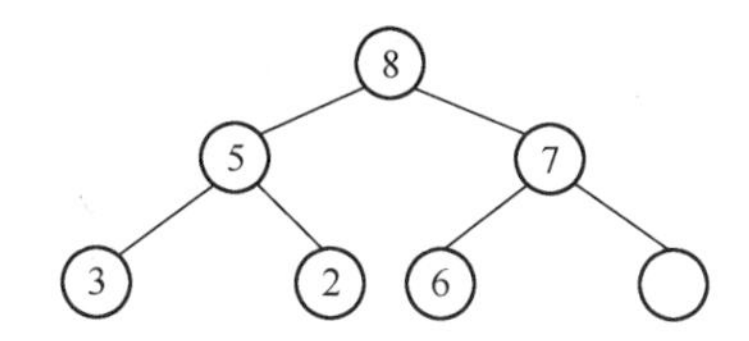

然后当前位置就变成 6 这个新位置了，已经到了序列末尾了，停止。

调整完毕。

如果再读取第一个元素，这个时候是 8，也是序列中除了前次取出的 9 之外最大的元素。一直循环读取 *N* 次，每次都是读取到了剩下的最大的那个值，读取完空出位置后，跟最后一个交换完再调整。这样就完成了排序。

7.5.2 Python 的时间

看一下调整堆的代码：

```
def adjust(serial, start, end):
    while True:
        #找到值大的子节点 node
        lchild = 2 * start + 1
        rchild = 2 * start + 2
        node=lchild
        if lchild > end: #到了末尾，终止
            break
        if rchild <= end and serial[lchild] < serial[rchild]:
            node = rchild

        #如果根小于子节点 node，交换
        if serial[start] < serial[node]:
            serial[start], serial[node] = serial[node], serial[start]
            #在新节点位置继续循环
            start = node
        else:#大于，则终止
            break
```

serial 是堆序列，start 是要调整的起始节点，end 是序列末尾。

通过这个调整函数，排序过程就简单了：

```
def heapsort(serial):
    for i in range(len(serial) - 1, 0, -1): #对堆中所有元素
        print(serial[0]) #打印第一个元素，也是最大的元素
        serial[0], serial[i] = serial[i], serial[0] #交换最后一个值
        adjust(serial, 0, i - 1) #调整，末尾为i-1，相当于拿出最大值缩短了序列

return serial
```

现在解决了排序的问题，还要回头来看最初如何能创建出一个堆来。

可以看到调整函数其实是把一棵子树调整为堆序，所以利用调整函数，把序列的前半部分数据挨个调整一遍。

```
def buildheap(serial):
    for i in range((len(serial) - 2) // 2, -1, -1): #调整前半部分数据
        adjust(serial, i, len(serial) - 1)
    return serial
```

测试一下：

```
serial = [3,5,7,2,6,8]
print(buildheap(serial))
print(heapsort(serial))
```

运行结果：

```
[8, 6, 7, 2, 5, 3]
[2, 3, 5, 6, 7, 8]
```

这就是堆排序。分析一下它的性能，堆排序经过两步，第一步创建堆，第二步排序。两步里面都要用到堆调整，而调整的性能与树的深度有关，为 $\log(N)$。创建堆需要循环一半的数据，所以性能为 $N/2*\log(N)$，排序要处理所有数据，所以性能为 $N*\log(N)$，合在一起性能为 $N*\log(N)$。

1964 年，Robert W.Floyd 和 J.Williams 共同提出了堆排序算法。

▶▶ 7.6　不会淘汰的季后赛——归并排序

归并排序的思路来自于体育锦标赛。假设参赛的有 16 个队，先两两比赛，分成了 8 组，每一组中的两个队分出了高低。然后把 8 组又两两组合成 4 组，这一轮下来，每一个组中的 4 个队又分出了高低。之后把 4 组又组合成两组，新一轮下来，每一个组中的 8 个队又分出了高低。最后把两组合成一组。

归并排序是分治法的范例。

用数字排序的方法，可以用如下图示表示。

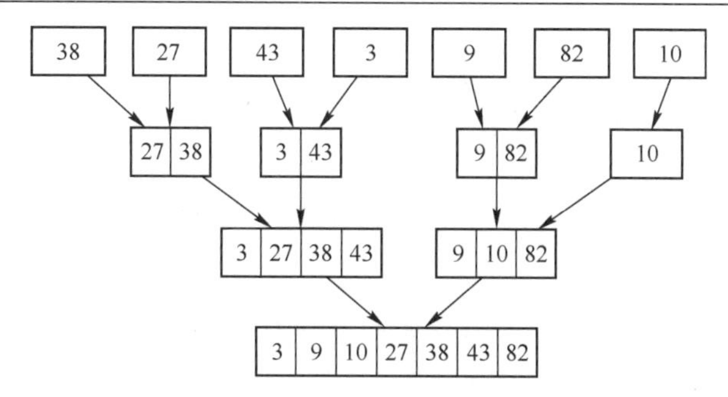

这个性能的改善来自分而治之，每次给一半的数列排序，总共只需要 Log2(*N*)遍，而每一遍中，任务是把已经排好序的两组合成一组（也是因为这个原因叫作 Merge 排序），所以效率就要高得多，是要比较 *N* 次即可，所以总的计算下来，这个算法的性能是 *N**log2(*N*)。

先提供把两个排好序的列表合成一个列表的函数，如下：

```
def merge(arr1,arr2): #arr1, arr2 are both sorted
    newarr=[]
    i=0
    j=0
    while i<len(arr1) and j<len(arr2):
        if arr1[i]<=arr2[j]:
            newarr.append(arr1[i])
            i+=1
        else:
            newarr.append(arr2[j])
            j+=1
    if i<len(arr1):
        for m in range(i,len(arr1)):
            newarr.append(arr1[m])
    if j<len(arr2):
        for n in range(j,len(arr2)):
            newarr.append(arr2[n])
    return newarr
```

这个算法很容易，因为 arr1、arr2 两个列表本身是排好序的，所以只需要一个一个读取，横向比较一下 arr1、arr2 的前面位置的数哪个更小就先读取哪个，放到一个新列表中。while 循环后面还有一段，是把一个列表读取完之后，需要把另一个列表中剩余的都放进来。

有了这个 merge 函数之后，看一下每一遍如何处理，程序如下：

```
def sort(arr,groupsize): #数列，组大小
    groupnum = math.ceil(len(arr)/groupsize) #计算共多少组
    for i in range(0,groupnum): #处理每一个组
        arr1left=int(i*groupsize)    #分成两份，计算两份的位置
        arr1right=min(int(i*groupsize+groupsize/2-1),len(arr)-1)
        arr2left=min(int(i*groupsize+groupsize/2),len(arr)-1)
        arr2right=min(int(i*groupsize+groupsize-1),len(arr)-1)
```

```
            if arr1right<arr2left:
                newarr=merge(arr[arr1left:arr1right+1],arr[arr2left:arr2right+1]) #合并这两份，
保持排序
                arr[arr1left:arr2right+1]=newarr #返回改写原列表
    return arr
```

每一遍处理的分组不一样，第一次是每两个进行比对，第二次是每四个进行对比，所以在这个函数中传入一个组大小的参数，以便让整个数列分组。

先计算分多少个组，然后将每一组内部分成两份，因为组大小是 2、4、8、16 这样一步步加上来的，所以每一份已经是分好组的，合并它们成为一个大组即可。

分别处理每一种情况，处理完毕后外层整体封装成一个方法：

```
def mergesort(arr):
    groupsize=1
    while groupsize<=len(a):
        groupsize*=2
        sort(a,groupsize)
        print(a)
```

测试一下：

```
a=[38, 27, 43, 3, 9, 82, 10]
print(a)
mergesort(a)
```

运行结果：

```
[38, 27, 43, 3, 9, 82, 10]
[27, 38, 3, 43, 9, 82, 10]
[3, 27, 38, 43, 9, 10, 82]
[3, 9, 10, 27, 38, 43, 82]
```

从上文看到了如何一步一步进行合并排序。

归并排序是由 Von Neumann 发明的。

7.7 以上排序的比较

排序算法	平均性能	最坏性能	空间复杂度	稳定性
冒泡排序	$O(n^2)$	$O(n^2)$	$O(1)$	稳定
选择排序	$O(n^2)$	$O(n^2)$	$O(1)$	不稳定
插入排序	$O(n^2)$	$O(n^2)$	$O(1)$	稳定
快速排序	$O(n\log(n))$	$O(n^2)$	$O(\log(n))$	不稳定
堆排序	$O(n\log(n))$	$O(n\log(n))$	$O(1)$	不稳定
归并排序	$O(n\log(n))$	$O(n\log(n))$	$O(n)$	稳定

从实际的性能来看，快速排序是最快的。

这些排序的性能最好的平均性能是 $O(n\log(n))$，有没有办法突破呢？比如到 $O(n)$，理论证明这不可能，理论下限就是 $O(n\log(n))$。

不过有特定情况可以提高到 $O(n)$，比如计数排序、基数排序和桶排序。

排序算法没有绝对的优劣，只是不同场景的合适程度不同。最好是做成可替换的，这就要求对外的接口统一，可以编写一个排序工具类，内部使用这些算法，对外提供统一的服务。

```
class Collections():
    sorter = mergesort.MergeSorter()
    def sort(list):
        Collections.sorter.sort(list)
```

在类 Collections 中定义了一个类变量 sorter 和一个类方法 sort(list)，不是实例级的，所以客户程序不需要创建 Collections 的实例，而是直接访问即可。类中把排序算法默认为归并排序。注意 sort()中的 Collections.sorter.sort(list)，直接用的是类中的变量。

客户程序先选择一个算法，传给类，然后调用 sort()实现排序。

如下：

```
import mergesort
import quicksort
import collections

if __name__=='__main__':
    a=[38, 27, 43, 3, 9, 82, 10]
    print("before sort:",a)
    #sorter=mergesort.MergeSorter()
    sorter=quicksort.QuickSorter()
    Collections.sorter=sorter
    Collections.sort(a)
    print("after sort:",a)
```

排序算法是外部传入的，需要时可以替换算法，这是一种策略模式。

要这样写程序，就要求排序算法提供同样的接口，sort(list)统一都是接受一个列表作为参数，统一把排序方法叫作 sort()。事实上，可以定义一个公共的基础类 Sorter，然后其他排序算法继承这个类就可以了。

```
class Sorter(): #定义基础类
    def sort(self,list):
        Pass

class MergeSorter(sorter.Sorter): #继承
```

7.8 插入排序 2.0——希尔排序

希尔排序，其名字来自于发明人 D.L.Shell，是简单直接插入排序的增强版，采用跳跃式分组的策略，通过某个增量将数组元素划分为若干组，然后分组进行简单直接插入排序，随后逐步缩小增量，继续按组进行简单直接插入排序操作，直至增量为 1。希尔排序通过这种策略使得整个数组在初始阶段达到从宏观上看基本有序的目的，小的基本在前，大的基本在后。然后缩小增量，到增量为 1 时为止。

下面看看如何操作，比如序列：

9,7,3,8,12,5,10,2,6,4,1

总共 11 个数据，先把步长设为长度的一半：5，分成几组。

组 1：包含这三个数 9，5，1。

组 2：包含这两个数 7，10。

...

组内进行简单插入排序，得到结果：

1, 7, 2, 6, 4, 5, 10, 3, 8, 12, 9。

第二遍，把步长减半，为 2，再次分组。

组 1：包含 1，2，4，10，8，9 这几个数。

组 2：包含 7，6，5，3，12 这几个数。

组内进行简单插入排序，得到结果：

1, 3, 2, 5, 4, 6, 8, 7, 9, 12, 10。

第三遍，把步长减半，为 1，这个时候就一组了，组内进行简单插入排序，得到结果：

1, 2, 3, 4, 5, 6, 7, 8, 9, 10, 12。

为什么平均会比简单插入排序快一点呢？因为简单插入排序有一个特点，对基本有序的序列会比较快，通过步长控制，让序列有序程度越来越高。

代码如下：

```
class ShellSorter():
    def sort(arr):
        step=len(arr)//2 #从长度的一半开始
        while step>0:
            for i in range(len(arr)):
                for j in range(i+step,len(arr),step): #分组进行简单插入排序
                    k=j
                    while arr[k]<arr[k-step] and k>i:
                        arr[k],arr[k-step]=arr[k-step],arr[k]
                        k-=step
            print(arr)
            step=step//2 #折半
```

希尔排序的性能很难准确衡量，与输入的数据有很大关系，但是理论分析表明，平均下来，比简单插入排序快，比快速排序等慢，其时间复杂度介于 $O(n\log n)$到 O(n^2)之间。

7.9 桶排序——计数排序

计数排序有限制条件，序列中的元素必须是有限偏序集，如整数、英文字母。那么它

的性能为 $O(n+k)$，其中 n 为元素个数，k 为有限偏序集大小，如个位整数，k 最大就是 9；英文字母，k 最大就是 26。

计数排序相当于利用偏序集的特点，对元素进行分组，分组数为偏序集的基数，例如，一个长度为 n 的随机英文字母序列要排序，只需要将序列中的每个字母分组到自己那个组中，然后把组按次序串起来即可，因为是偏序集，所以组之间本来就是有次序的。演示如下。

序列为 S=BAACCBEECCDDBA，按照字母次序分组如下。

0	1	2	3	4
全部 A 字母	全部 B 字母	全部 C 字母	全部 D 字母	全部 E 字母

扫描序列 S，把字母一个一个放到组中。

0	1	2	3	4
AAA	BBB	CCCC	DD	EE

这样自然排好序了。

现在看程序的思路，用一个新的序列，将原序列中的字母放到正确的位置。为了算出这个正确的位置，需要知道序列中每一个字母出现的次数。

从头到尾扫描串 S，总共有 14 个字母，需要进行计数，得到如下字母次数数组。

0(A)	1(B)	2(C)	3(D)	4(E)
3	3	4	2	2

然后根据次数数组，就能算出字母的输出位置，数组如下。

0(A)	1(B)	2(C)	3(D)	4(E)
3	6	10	12	14

这个输出位置就是前一格的值加上自己这个字母的计数值，也就是截止位置。例如，对字母 C 来讲，前面两个字母占用了 6 个位置，本身 C 又有 4 个，所以 C 的截止位置为 10。

接下来，从尾到头反过来扫描序列 S：BAACCBEECCDDBA。首先碰到的字母为 A，检查计数表，对应 A 的值为 3，所以把它放在第 3 的位置。

		A											

然后把计数表中对应的值减 1，这样计数表变化如下。

0(A)	1(B)	2(C)	3(D)	4(E)
2	6	10	12	14

下一次从序列中读取的字母为 B，检查计数表，对应 B 的值为 6，所以把它放在第 6 的位置。

		A			B								

然后把计数表中对应的值减 1，这样计数表变化如下。

0(A)	1(B)	2(C)	3(D)	4(E)
2	5	10	12	14

一直这样循环。

代码如下：

```
def CountingSort(S,BASE):
    S0=['']*len(S) #return array
    POS=[0]*len(BASE) #counting array
    #counting
    for c in S:
        POS[ord(c)-ord('A')] += 1
    #position
    for i in range(1,len(POS)):
        POS[i] += POS[i-1]
    #generate new array
    for i in range(len(S)-1,-1,-1): #desc order
        idx=POS[ord(S[i])-ord('A')]-1
        S0[idx]=S[i]
        POS[ord(S[i])-ord('A')] -= 1

    return S0
```

测试一下：

```
S=['B','A','A','C','C','B','E','E','C','C','D','D','B','A']
BASE=['A','B','C','D','E']
print(CountingSort(S,BASE))
```

运行结果：

```
['A', 'A', 'A', 'B', 'B', 'B', 'C', 'C', 'C', 'C', 'D', 'D', 'E', 'E']
```

可以看到，计数排序只扫描了原序列两遍，还使用了一个长度更小的数组 POS，所以整个排序性能为 $O(n)$。

有的读者可能爱动脑筋，觉得不需要在新序列中算位置，就用一个二维数组，第一维为 A、B、C、D、E 5 个位置，第二维为序列 S 中对应的字母；甚至有人进一步想到了数组+链表结构。这样都是可以的，事实上，这种算法还有一种变形叫作桶排序，所谓桶就是第一维数组。

7.10 二分查找（试着做一个字典）

如果字典是杂乱无章的，那查字典时就只能从头到尾一个一个找了。所以这里说的字典其实都是有序的，如何排序，前面已经介绍过，后面会再介绍两种好一点的方式。有了这些铺垫，问题明确成了：在一个有序的列表中查找数据。

实际的字典不管是纸质的还是在线的，都是有序的，查找一个单词，不会从头找到尾。很多字典的侧面都会印有首字母，所以一般是先找单词的首字母，这样一下子就把范围缩小了很多，极大地提高了查找效率。

如果没有首字母的标记，会如何找呢？哈佛大学的一个教授讲了一堂公开课，他拿出一本厚厚的字典，让一个学生上讲台按照他的方法查找单词：不管什么单词，先翻到字典的中间那一页，然后看这一页的第一个单词，与要查找的单词比大小，如果小，说明要查找的单词在中间那一页的后面，否则就在前面，于是教授让学生当场把字典从中间那一页撕开成两半，只留下所在的那一半，然后继续这个过程，每次撕开留一半丢一半，直到最后找到这个单词或者压根找不到。

教授其实在讲一个算法，叫作二分查找，这是用得很多的一个算法，思路很简单也很好用。先来看程序：

```
word = input("Search word: ")
engwords=["abandon","abbreviation","abeyance","abide","ability","abnormal"]
chiwords=["放弃","缩写","缓办","遵守","能力","反常的"]

L=len(engwords)
bottom=0
up=L-1
pos=(bottom+up)//2
found=0

while up>=bottom:
    if engwords[pos]==word:
        found=1
        break;
    elif engwords[pos]>word:
        up=pos-1
        pos=(bottom+up)//2
    elif engwords[pos]<word:
        bottom=pos+1
        pos=(bottom+up)//2

if found==1:
    print ("pos:", pos)
    print (chiwords[pos])
else:
    print ("noipe")
```

首先注意的是字典在程序中是如何表示的，这里用了两个列表：engwords 和 chiwords，按照位置一一对应，这个表示法与人们的习惯不一样，一般习惯“word:单词”这种写在一起的排列，可以先这样编写，后面再调整成人们习惯的格式。还要注意的是，这个字典已经是排好序的，不排序，这个算法是不工作的。

然后使用了三个位置变量来记录特殊位置，bottom 记录最小的位置，up 记录最大的位置，pos 记录中间的位置。初始时，bottom=0，up=5，pos=(bottom+up)//2=2，字典及位置如下。

abandon	abbreviation	abeyance	abide	ability	abnormal
0	1	2	3	4	5
bottom		pos			up

程序的核心思想就是每次按照 pos 分两半，然后定位所在的那一半，继续细分，直到找到或者 up 的位置小于 bottom 位置了（说明没有找到）为止。

假定要查找的单词是 abide，这时 engwords[pos]为 abeyance，小于 abide，那么程序会执行下面的语句：

```
elif engwords[pos]<word:
    bottom=pos+1
    pos=(bottom+up)//2
```

三个位置变化为 bottom=3，pos=4，up=5，通过这个方式实现了把查找范围限定在后面一半。图示如下。

abandon	abbreviation	abeyance	abide	ability	abnormal
0	1	2	3	4	5
			bottom	pos	up

然后继续比对，这时 engwords[pos]为 ability，大于 abide，那以程序会执行下面的语句：

```
elif engwords[pos]>word:
    up=pos-1
    pos=(bottom+up)//2
```

三个位置变化为 bottom=3，pos=3，up=3，通过这个方式实现了把查找范围限定在前面一半。图示如下。

abandon	abbreviation	abeyance	abide	ability	abnormal
0	1	2	3	4	5
			bottom/pos/up		

程序继续循环，这次 engwords[pos]=word，找到了。

假设字典的这个位置不是 abide 而是 abike，一比对发现 engwords[pos]>word，会出现什么情况呢？跟踪一下，这时执行的是下面的语句：

```
elif engwords[pos]>word:
    up=pos-1
    pos=(bottom+up)//2
```

那么 up=pos-1=2，pos=2，bottom=3，再次循环时就不满足循环条件 while up>=bottom。程序跳出。

再假设字典的这个位置不是 abide 而是 abibe，一比对发现 engwords[pos]<word，会出现

什么情况呢？跟踪一下，这时执行的是下面的语句：

```
elif engwords[pos]<word:
    bottom=pos+1
    pos=(bottom+up)//2
```

那么 up=3，pos=3，bottom=4，再次循环的时候也不满足循环条件 while up>=bottom。程序跳出。

总之，通过每次缩减一半，能很快找到这个单词。初步估计一下，如果一本字典有1000 个单词，要找多少次呢？

第 1 次，范围缩减到 500 个。

第 2 次，范围缩减到 250 个。

第 3 次，范围缩减到 125 个。

第 4 次，范围缩减到 63 个。

第 5 次，范围缩减到 32 个。

第 6 次，范围缩减到 16 个。

第 7 次，范围缩减到 8 个。

第 8 次，范围缩减到 4 个。

第 8 次，范围缩减到 2 个。

第 10 次，范围缩减到 1 个。

也就是说，即使每次都比对不上，也只要 10 次。仔细看上面的几个数，1、2、4、8、16、32、64…不就是 2^n 吗？对，反过来为($\log_2 n$)，这就是结论：二分查找的效率是 $O(\log_2 n)$。效率真高，一百万条词条也只要找 20 次。这就是算法的力量。

刚才提到了，一般人不习惯程序中使用的数据格式，还是觉得中、英文单词写在一起比较直观，那么下面来试一下。使用这个格式：

```
words=["abandon:放弃","abbreviation:缩写","abeyance:缓办","abide:遵守"]
```

这样看起来舒服多了。但是这样就要多处理一些问题，首先是能把“:”前后的英文和中文拆开。这个任务比较简单，用 Python 提供的 split()就可以了，代码如下：

```
def getEng (word):
    all = word.split(":")
    eng = all[0]
    chn = all[1]
    return eng

def getChn (word):
    all = word.split(":")
    eng = all[0]
    chn = all[1]
    return chn
```

两段代码差不多的，把单词拆分开，然后分别取前后两段。

有了这个基础，改写一下上面的二分查找程序：

```
    words=["abandon:放弃","abbreviation:缩写","abeyance:缓办","abide:遵守","ability:能力",
"abnormal:反常的"]
    word=input("enter word : ")

    bottom=0
    up=len(words)-1
    pos=(bottom+up)//2
    found=0

    while up>=bottom:
        if getEng(words[pos])==word:
            found=1
            break
        elif getEng(words[pos])>word:
            up = pos-1
            pos=(bottom+up)//2
        elif getEng(words[pos])<word:
            bottom=pos+1
            pos=(bottom+up)//2

    if found==1:
        print ("pos:",pos)
        print (getChn(words[pos]))
    else:
        print ("noipe")
```

程序基本是一样的，只是比对时拆分一下，拿英文部分进行比对。

但是我们现在对这个程序仍然不满意，因为把字典写在程序中了，如果有几千个单词，程序中都是词汇了。应该想办法把字典数据放在外部文件中，需要时再去调用。用上面提到过的 Python 的文件操作就可以了。

创建一个字典文件 dict.txt，如下所示。

```
abandon        v.抛弃，放弃
abandonment        n.放弃
abbreviation        n.缩写
abeyance        n.缓办，中止
abide        v.遵守
ability        n.能力
able        adj.有能力的，能干的
abnormal        adj.反常的，变态的
...
```

到此可以修改二分查找程序了：

```
    f = open("dict.txt","r",encoding="utf-8")    #设置文件对象
```

```
words=f.read().splitlines()
f.close()

word=input("enter word : ")

bottom=0
up=len(words)-1
pos=(bottom+up)//2
found=0

while up>=bottom:
    if getEng(words[pos])==word:
        found=1
        break
    elif getEng(words[pos])>word:
        up = pos-1
        pos=(bottom+up)//2
    elif getEng(words[pos])<word:
        bottom=pos+1
        pos=(bottom+up)//2

if found==1:
    print ("pos:",pos)
    print (getChn(words[pos]))
else:
    print ("noipe")
```

第8章

动 态 规 划

▷▷ 8.1　游戏币贪心算法——DP 导入

动态规划不是一个算法，是一种解决问题的思路，简称 DP。它要解决的是多阶段决策过程的最优化问题。它把多阶段过程转化为一系列单阶段问题，利用各阶段之间的关系，逐个求解。

比如，之前讲解 Fibonacci 数列时，讲过走楼梯的问题，一次可以走一阶或者两阶楼梯，求有多少种组合，解题思路就是把阶梯 N 的走法化成了阶梯 $N-1$ 与阶梯 $N-2$ 的走法之和。

前面还曾提到过，生物信息学中经常要进行序列比对，也是用的动态规划。

▷▷▷ 8.1.1　游戏币的动态规划

下面用一个例子导入动态规划。假定你去了一个游乐场需要换取游戏币，然后用游戏币买东西或者玩游戏。游戏币的币值有 1、5、10 元。希望以尽可能少的游戏币买东西。比如有个 10 元的东西，一般用一个 10 元的游戏币，而不会用 10 个 1 元的游戏币。

一般的经验是尽量先用大币值的币，如 18 元的东西，先用一个 10 元，再用一个 5 元，最后用三个 1 元。总共用了 5 个游戏币。这种办法也叫贪心算法，经常是有效的。

但是也会碰到无效的时候。比如，游乐场发的游戏币为 1、9、10 元。还是上面的例子，用贪心算法，先用一个 10 元游戏币，剩下 8 元，只能再用 8 个 1 元游戏币了，总共要用 9 个游戏币。其实这种情况下，用两个 9 元游戏币即可。这就是贪心算法本质上的问题，它只考虑当前这一刻。

那是不是要把每一种可能的组合计算一遍后才能得出答案呢？对于复杂一点的问题，这可是一个极其花时间的事情，大部分时候是不可行的。那下面看一下要如何思考这个问题。

把三种不同的币值定义为 A、B 和 C，分别对应币值 10、9 和 1，记为 $w(\mathrm{A})=10$、$w(\mathrm{B})=9$ 和 $w(\mathrm{C})=1$。总数记为 N，此例子中为 18。

假定第一次用 A 币（币值为 10），那么需要的币的个数 $f(N)=1+f(N-10)$，这种方法，用了一个 A 币，再加上凑齐剩余的 $N-10=8$ 的游戏币个数。这是一个思维上的转变，不用真的去计算每一种组合，只是把任务递推到第二阶段的小任务。

又假定第一次用 B 币（币值为 9），那么需要的游戏币的个数 $f(N)=1+f(N-9)$，这种方法，用了一个 B 币，再加上凑齐剩余的 $N-9=9$ 的游戏币个数。

还要假定第一次用 C 币（币值为 1），那么需要的游戏币的个数 $f(N)=1+f(N-1)$，这种方法，用了一个 C 币，再加上凑齐剩余的 $N-1=17$ 的游戏币个数。

现在有三种选择。

- 先用 A 币，$f(N)=1+f(N-10)$，结果为 1+8=9。
- 先用 B 币，$f(N)=1+f(N-9)$，结果为 1+1=2。
- 先用 C 币，$f(N)=1+f(N-1)$，结果为 1+8=9。

所以要用第二种选择。

读者可能还有一些疑惑，如何计算 $f(N-10)$、$f(N-9)$和 $f(N-1)$的值呢？这个例子简单，人手工可以计算，实际上不应该手工来计算。

这就是 DP 方法思维的第二个转变，不直接求更小的任务的值，而是更关心本任务与递推出来的小任务之间有什么关系。通过上面的分析，现在知道了 $f(N)$其实只与 $f(N-10)$、$f(N-9)$、$f(N-1)$三者有关系。而这三者又可以再次用这个思路进行递推。

关系式如下：

$$f(N) = \min(f(N-10), f(N-9), f(N-1)) + 1$$

这个关系式也叫作状态转移方程。可以动手编程序了。

```
def f(n):
    if n<9:
        return n
    if n==9:
        return 1
    if n==10:
        return 1
    s1 =f(n-10)+1
    s2 =f(n-9)+1
    s3 =f(n-1)+1

    return min(s1,s2,s3)
```

测试一下 $f(18)$，得出了正确的值 2。

上面使用的是递归实现，更好的方式是用数组递推来实现，如下：

```
def f1(n):
    c=[1,2,3,4,5,6,7,8,1,1]

    if n<=10:
        return c[n-1]
    else:
        i=10
        while i<n:
            s1 = c[i-10]+1
            s2 = c[i-9]+1
            s3 = c[i-1]+1
            s = min(s1,s2,s3)
```

```
            c.append(s)
            i += 1
        return c[n-1]
```

递推过程中，把前面的数都记录下来。这样比递归省时间，而递归是把过去计算的历史给遗忘了，数据量大时递归其实是不可行的。

本质上探究为什么 DP 会快。不仅仅是递归、递推的原因，还有另外一个原因，就是如果用穷举法，需要计算所有可能的组合，而递推关系式是在所有组合中选择了最优解的组合，用技术术语叫对搜索空间的剪枝。DP 其实就是在分析状态转移过程中进行了剪枝。

DP 的基本模型如下。

- 对决策过程划分阶段。
- 对各阶段确定状态变量。
- 建立各阶段状态变量的转移过程，确定状态转移方程。

8.1.2 随机数字三角的动态规划

下面用更多的例子来理解 DP。

这是一个简单且经常碰到的题目。经常出现在初级的编程竞赛中。

假设有一个数字三角形，当然不是 Pascal 三角，里面的数是随机的，如下。

12

9 4

1 10 15

7 8 2 6

13 3 5 14 11

要求从三角形顶点一步一步往下走，每次只能走正下方或者右下方的位置，求经过路径的数字最大的和。

可以进行如下思考，假定走到了最后是[n,m]这个位置，那么它的前一个位置只有两个：正上方（$[n-1,m]$）和左上方（$[n-1,m-1]$）。这样可以得到关系式：

$f(i,j)=\max(f(n-1,m),f(n-1,m-1))+T[i,j]$

有了关系式，这个程序就不难了：

```
def f2(arr,n): #arr 为三角，n 为总行数
    sumarr=[ [0] * n for i in range(n)] #记录走到每一个位置的最大值
    if n==1: #只有一行，直接返回
        sumarr[0][0] = arr[n-1][n-1]
    else: #多行
        sumarr[0][0] = arr[0][0] #初始化第一行

        i=0
        for i in range(1,n):#第二行开始循环
            for j in range(0,i+1): #一行内列循环
                if j>0: #递推
                    sumarr[i][j]=max(sumarr[i-1][j],sumarr[i-1][j-1])+arr[i][j]
```

```
                else:#左边界的递推
                    sumarr[i][j]=sumarr[i-1][j]+arr[i][j]
    return sumarr
```

测试一下：

```
arr=[[12],[9,4],[1,10,15],[7,8,2,6],[13,3,5,14,11]]
print(f2(arr,5))
```

结果输出：

```
[[12, 0, 0, 0, 0],
[21, 16, 0, 0, 0],
[22, 31, 31, 0, 0],
[29, 39, 33, 37, 0],
[42, 42, 44, 51, 48]]
```

笔者按行输出了每一个位置的最大值。

有些人比较用心地看了代码，发现一个问题，递推中，下一行的数其实只与上一行有关，其实不需要用这么大的二维数组全部记录下来，只用记录两行就够了，这样可以节省空间。

可以改造一下程序：

```
def f3(arr,n):
    sumarr=[0]*n
    newsumarr=[0]*n
    if n==1:
        sumarr[0] = arr[0][0]
        newsumarr[0]=arr[0][0]
    else:
        sumarr[0] = arr[0][0]
        newsumarr[0] = arr[0][0]

        i=0
        for i in range(1,n):#第二行开始循环
            for k in range(0,n): #copy 上一行
                sumarr[k]=newsumarr[k]
            j=0
            for j in range(0,i+1): #一行内列循环
                if j>0:#递推
                    newsumarr[j]=max(sumarr[j],sumarr[j-1])+arr[i][j]
                else:
                    newsumarr[j]=sumarr[j]+arr[i][j]
    return newsumarr
```

测试一下：

```
print(f3(arr,5))
```

结果输出：

```
[42, 42, 44, 51, 48]
```

8.2 序列的最大公约数——LCS

再看一个例子，也是经常会碰到的题目，叫作最长公共子序列问题（Longest Common Sequence）。

例如，abc 是一个序列，abd 也是一个序列，那么最长公共子序列就是 ab。

例子变化一下，abcd 是一个序列，abd 也是一个序列，那么最长公共子序列就是 abd。注意了，在 abcd 中，abd 其实不是连续的，这里的子序列是不要求连续的。

如果用穷举的办法，组合每一种可能的子序列，时间的消耗大约在 n 的立方这个级别。所以是不可行的。

用动态规划的思路研究一下这个问题。

假定对这两个序列 X 和 Y，比较到了 i-1 和 j-1 的位置，现在要比较第 Xi 和 Yj 这个位置，如图所示。

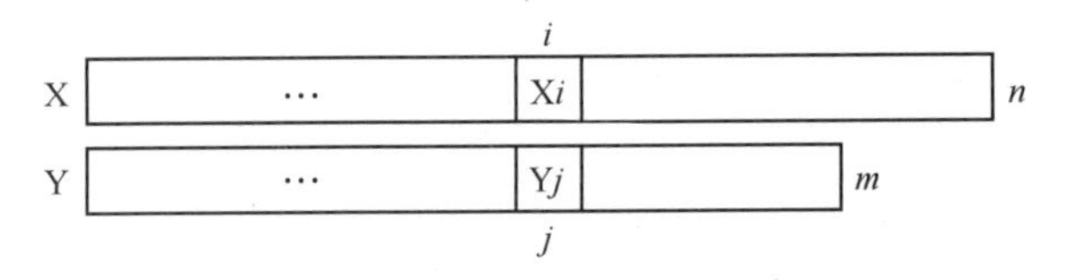

有两种情况如下。

- Xi=Yj，两者相等，公共子序列可以增长了，那么新的 LCS 长度将是前次位置的值 L(Xi−1,Yj−1)再加 1。
- Xi<>Yj，不相等，那就不同时往下看 Xi 和 Yj，只往下看一个试试，先看 L(Xi−1, Yj)，再看 L(Xi,Yj−1)。可得 L(Xi,Yj)=max(L(Xi−1,Yj),L(Xi,Yj−1))

这就是递推式。

这个递推还可以用表格形式更加直观地反映，如下。

Y　X	a	b	c	d
a	1	1	1	1
b	1	2	2	2
d	1	2	2	3

X=abcd，Y=abd。

一个一个比较，X 第一个是 a，Y 第一个是 a，相等，所以记录 L 值为 1，然后 X 加一个 b，Y 还是 a，不相等，所以 L 还是 1，一直到看完 X 的最后一个 d，第一行就记录下来了，全是 1（这是显然的，因为第一行比较时，只看了 Y 中的一个字符，所以 L 最多只可能为 1）。

现在从 Y 中再多看一个字符 ab，Y 的 b 跟 X 的第一个字符 a 不相等，所以对 L 的增长没有新贡献，于是直接用上一行的 1。比较到 X 的第二个字符 b 时，b=b，贡献了更长的公共子串，所以要看没有这两个字符时的 L 值，反映在表格中就是左上角的值 1，所以新的 L 值在原有的基础上加 1，即为 2。继续比较 X 的第三个字符 c，不相等，那就先看 X 没有新加字符 c 时的情况，即表格中左面的格子，为 2，还要再看 Y 没有新加字符 b 时的情况，即表格中上面格子，为 1，取最大值，所以这个格子填 2。

明白了这个递推过程后，程序就不难编写出来了：

```
def LCS(X, Y):
    n = len(X)
    m = len(Y)
    L=[[0]*n for i in range(m)] #M*N 2-dimension array
    for i in range(n): #process 1st row
        if Y[0]==X[i]:
            L[0][i] = 1
        else:
            if i>0:
                L[0][i] = L[0][i-1]
            else:
                L[0][i] = 0
    for i in range(1,m): #process remaining rows
        for j in range(n): #process row
            if Y[i]==X[j]:
                if j>0:
                    L[i][j] = L[i-1][j-1]+1
                else:
                    L[i][j] = 1
            else:
                if j>0:
                    L[i][j] = max(L[i][j-1],L[i-1][j])
                else:
                    L[i][j] = L[i-1][j]
    return L
```

测试一下：

```
strx="abcd"
stry="abd"
print(LCS(strx, stry))
```

运行结果：

```
[[1, 1, 1, 1], [1, 2, 2, 2], [1, 2, 2, 3]]
```

跟预期一样。

8.3 基因序列比对（Levenshtein 算法）

中学学过生物学的人都会知道，生命的奥秘在 DNA，它本质上是一个由碱基对组成的长长的序列，科学家们已经在 20 年前把智人的完整基因测定完毕了。但生命的奥秘远没有解开，测定只是第一步，相当于拿到了源代码，后面要查找子序列、寻找模式、互补反向变换、比对等。大家都希望计算机程序能加速人们对生命的了解。

这些初步的工作从编程的角度来看，就是文件和字符串操作。

先在 NCBI 网站上下载一个基因序列，保存为一个文件如 sequence.fasta。fasta 是文本格式的，用于表示核酸序列或多肽序列的格式。其中核酸或氨基酸均以单个字母来表示，且允许在序列前添加序列名及注释。fasta 格式首先以大于号（>）开头，接着是序列的标识符“gi|187608668|ref|NM_001043364.2|”，然后是序列的描述信息。换行后是序列信息，序列中允许空格、换行，直到下一个大于号，表示该序列的结束。

可以看一下文件中的内容（截取前十行）：

```
>NC_000006.12:c31170682-31164337 Homo sapiens chromosome 6, GRCh38.p13 Primary Assembly
GAGTAGTCCCTTCGCAAGCCCTCATTTCACCAGGCCCCCGGCTTGGGGCGCCTTCCTTCCCC
ATGGCGGG
ACACCTGGCTTCGGATTTCGCCTTCTCGCCCCCTCCAGGTGGTGGAGGTGATGGGCCAGGG
GGGCCGGAG
CCGGGCTGGGTTGATCCTCGGACCTGGCTAAGCTTCCAAGGCCCTCCTGGAGGGCCAGGAA
TCGGGCCGG
GGGTTGGGCCAGGCTCTGAGGTGTGGGGGATTCCCCCATGCCCCCCGCCGTATGAGTTCTGT
GGGGGGAT
GGCGTACTGTGGGCCCCAGGTTGGAGTGGGGCTAGTGCCCCAAGGCGGCTTGGAGACCTCT
CAGCCTGAG
GGCGAAGCAGGAGTCGGGGTGGAGAGCAACTCCGATGGGGCCTCCCCGGAGCCCTGCACC
GTCACCCCTG
GTGCCGTGAAGCTGGAGAAGGAGAAGCTGGAGCAAAACCCGGAGGAGGCAAGTGAGCTT
CGACGGGGTTG
GGGTGTGGGGAGGTGGTCATGACAGGGCAGCCTGATGGGGAAGTGGTCACCTGCAGCTGC
CCAGACCTGG
CACCCAGGAGAGGAGCAGGCAGGGTCAGCTGCCCTGGCCAGGGAGGGGTGTGTATCAACT
GCTGGCAGCC
CTGGCAGGCAGGGGCCAGGTGGGAAGTGGAAGCTGGATTTCGAAGAGACAACTGCCGGTG
AGGGCAGAGC
```

ATGC 组成的序列就是生命的密码，但是解密还任重道远。目前的阶段，还只能做一些基础性工作，进行零碎的解读。相信结合计算机科学会大大加速人们对生命的理解。

有了这个文本的格式描述，可以先编写一个函数从外部文件读取序列。程序如下：

```
def getgeneseq(filename):
    geneseq = ""
    file = open(filename, 'r')
    try:
        lines = file.readlines()
        for line in lines:
            if not line.startswith('>'):
                geneseq += line.rstrip()
```

```
        finally:
            file.close()

        return geneseq
```

程序以只读方式从外部打开一个文件，然后按行读取到一个列表中，通过首字符>识别第一行的注释，之后把后面的行拼在一起成为一个大的字符串（rstrip()函数用于把右边的空格和换行去掉）。

有了这个序列，可以计算一下核苷酸数量，程序如下：

```
# nucleotide counting
def ntcount(seq):
    counts = []
    for c in ['A', 'C', 'G', 'T']:
        counts.append(seq.count(c))
    return counts
```

这里，用到了 count()方法，用于计算一个字符串中某字符出现的次数。

还可以将 DNA 表达翻译成 RNA，程序如下：

```
# DNA -> RNA
def trans(seq):
    newseq = re.sub('T', 'U', seq)
    return newseq
```

这里，用到了正则表达式替换 T 为 U。

再进行一个反向变换，程序如下：

```
# reverse sequence
def reverse(seq):
    mapping = {
        "A":"T", "T":"A", "C":"G", "G":"C"
    }
    newseq = ""
    for c in seq:
        if c in mapping:
            newseq += mapping[c]
    return newseq
```

这里，使用了一个字典，即 ATGC 的对应关系，程序对串中的每个字母，按照字典进行翻译，得到反向串。

有了基因序列，生物学上经常用到的是比较两个序列之间的差异。

从计算机科学的角度，这个问题就转化成了两段字符串之间的距离。如何理解“距离”这个词？可以规定一系列操作，比如增加一个字符、删除一个字符、替换一个字符，经过多次这样的操作后，一个串变成了另一个串，把操作的次数叫作“距离”。

如对序列 x：AGTAGTC 和序列 y：ATAGACC，可以进行如下操作。

- 把 AGTAGTC 的第二个字符 G 删除，变成 ATAGTC。
- 把 ATAGTC 的倒数第二个字符 T 替换成 A，变成 ATAGAC。
- 把 ATAGAC 最后增加一个 C，变成 ATAGACC。

经过三次操作，第一个序列变成了第二个序列。可以认为距离为 3。

当然，这种变换会有很多种可能性的组合，每种组合对应一个距离，把最小的距离叫作序列之间的差异，术语叫作“Levenshtein 距离”。一般来说，距离越小，两个序列的相似度越大。

下面来看如何计算出这个 Levenshtein 距离。

如果对两个序列用穷举法，发现工作量实在太大了。人工处理不了这么复杂的事情，先从小事情开始做起。

可以分析较小的序列。假定序列 x 只有一个字符 A，序列 y 也只有一个字符 A，这还是很简单的，两者一样，认为距离为 0，不一样就认为距离为 1。再看 y 的下一个字符 T，与 x 的 A 不一样，在前面的距离基础上增加 1。再继续看 y 的下一个字符 A，与 x 的一样，距离不变。

如果序列只有一个字符，那么分析过程是很简单的。

更通用的分析是，假定要比较的是 x 的 i 字符和 y 的 j 字符，怎么办呢？可以想象一下，既然是从第一个字符一个一个比较的，每次都是算出了距离，然后往下再比较，那么到现在的位置上，只有三个变换的来源，第一个是从位置[i-1,j]变换来（相当于编辑增加），第二个是[i,j-1]（相当于编辑删除），第三个是[i-1,j-1]（相当于编辑替换），如下所示。

X　Y	...	...	j	...
		1	1	
i		2	2	
...				

把序列 x 和序列 y 逐字符对应成一个大表格。对[i,j]这个格子，它来源于邻近三个格子的变换：上边、左边和左上。如果 Xi=Yj，那么距离没变，仍然是[i-1,j-1]格子上的距离。如果 Xi<>Yj，那么就进行变换，从邻近的三个格子变化而来，取最小值+1 即可。

所以按照这个规则，[i,j]处要填 2。

按照这个思路编程：

```
def Levenshtein(X, Y):
    n = len(X)
    m = len(Y)
    D=[[0]*m for i in range(n)] #n*m 2-dimension array
    for j in range(m): #process 1st row
        if Y[j]==X[0]:
            if j>0:
                D[0][j] = D[0][j-1]
            else:
                D[0][j] = 0
        else:
            if j>0:
```

```
                D[0][j] = D[0][j-1]+1
            else:
                D[0][j] = 1
    for i in range(n): #process 1st column
        if Y[0]==X[i]:
            if i>0:
                D[i][0] = D[i-1][0]
            else:
                D[i][0] = 0
        else:
            if i>0:
                D[i][0] = D[i-1][0]+1
            else:
                D[i][0] = 1

    for i in range(1,n): #process remaining rows
        for j in range(1,m): #process one row
            if X[i]==Y[j]:
                D[i][j] = D[i-1][j-1]
            else:
                D[i][j] = min(D[i][j-1],D[i-1][j],D[i-1][j-1])+1 #递推

    return D
```

测试一下：

```
strx="AGTAGTC"
stry="ATAGACC"
print(Levenshtein(strx, stry))
```

运行结果：

```
[[0, 1, 1, 2, 2, 3, 4],
[1, 1, 2, 1, 2, 3, 4],
[2, 1, 2, 2, 2, 3, 4],
[2, 2, 1, 2, 2, 3, 4],
[3, 3, 2, 1, 2, 3, 4],
[4, 3, 3, 2, 2, 3, 4],
[5, 4, 4, 3, 3, 2, 3]]
```

输出了表格中的每一格。只要看最后那个数，就知道了这两个序列之间的距离为 3。

其实，Python 提供了现成的 Levenshtein 包，直接使用 import Levenshtein 引入就可以了。

实际上，生物信息学中经常要进行序列比对，很多时候用到 Needleman-Wunsch 算法和 Smith-Waterman 算法，思路也是类似的。

上面介绍的这个算法应用比较广，UNIX 中有一个命令 diff 就是用的同样的动态规划的思路。

8.4 背包问题

动态规划中还有一个题目是背包问题，这个可能是知名度最广的题目了。

8.4.1 背包问题解析

这个题目是说背包能背最大容量为 v 的东西。总共有 n 个东西，每个东西的体积为 w，而价格为 p。假设每样东西只有一个。如何使背包中的总价最大？

这个问题与游戏币问题类似，但不能用贪心算法。

可以用动态规划思路来思考。第 i 个东西，只有两个选择，放或者不放进背包。

- 如果不放进背包，等于就是在容量 v 的背包中只放 i-1 个东西，那么现在的最大总价是 $c(i-1,v)$。
- 如果放进背包，因为这个东西占去了 $w[i]$的体积，等于留给前 i-1 个东西只有 $v-w[i]$ 这么多的容量了，所以现在的最大总价是 $c(i-1,v-w[i])+p[i]$。

比较一下这两种选择的总价，取大者即可。

举个例子，假定总共有三个东西 A、B、C，背包容量为 7，三个东西的体积分别为 2、3、4，价格是 3、4、5。构造一个表格，三个东西需要三行，背包容量为 7 列。看如何放进背包。

1）假定只有一个东西，表格很好填写，如下。

	1	2	3	4	5	6	7
A	0	3	3	3	3	3	3

容量为 1 时，因为东西 A 的体积为 2，所以放不进去，背包太小，只能空手而归。

容量为 2 时，可以放进去，所以总价为 3。

容量增长之后，总价不变，因为原则是每样东西只拿一个。

2）递推往下看，假定加入了第二个东西 B，表格如何填写呢？

	1	2	3	4	5	6	7
A	0	3	3	3	3	3	3
B	0	3					

容量为 1 时放不进任何东西，所以还是 0；容量为 2 时，根本放不下 B（体积为 3），所以只能放 A，表格填 3；容量为 3 时，这个时候可以放下 B 了，该怎么办？

	1	2	3	4	5	6	7
A	0	3	3	3	3	3	3
B	0	3	?				

按照前面的分析，选择如下。

- 假定选择不放 B，那么此时相当于在容量为 3 的背包中只放 A。所以查上面一行同列就可以了，得数为 3。

- 假定选择放 B，那么此时相当于把容量挤占了 3，所以要看剩余的容量能放多少总价，结果剩余的容量为 3-3=0，所以这时总价=0+4。

比较两种选择的大小，选择大者，填 4。

	1	2	3	4	5	6	7
A	0	3	3	3	3	3	3
B	0	3	4				

继续推下一个格子，容量为 4，放 A、B 两个东西。按照以前的分析，选择如下。

- 假定选择不放 B，那么此时相当于在容量为 4 的背包中只放 A。所以查上面一行同列就可以了，得数为 3。
- 假定选择放 B，那么此时相当于把容量挤占了 3，所以要看剩余的容量能放多少总价，结果剩余的容量为 4-3=1，检查上一行第一列，结果为 0（表示放不下），所以这时总价=0+4。

比较两种选择的大小，选择大者，填 4。

	1	2	3	4	5	6	7
A	0	3	3	3	3	3	3
B	0	3	4	4			

继续递推，往容量 5 的背包放 A、B 两个东西。按照以前的分析，选择如下。

- 假定选择不放 B，那么此时相当于在容量为 5 的背包中只放 A。所以查上面一行同列就可以了，得数为 3。
- 假定选择放 B，那么此时相当于把容量挤占了 3，所以要看剩余的容量能放多少总价，结果剩余的容量为 5-3=2，检查上一行第二列，结果为 3，所以这时总价=3+4。

比较两种选择的大小，选择大者，填 7。

	1	2	3	4	5	6	7
A	0	3	3	3	3	3	3
B	0	3	4	4	7		

一步步得到下表。

	1	2	3	4	5	6	7
A	0	3	3	3	3	3	3
B	0	3	4	4	7	7	7
C	0	3	4	5	7	8	

再递推最后一个格。

按照以前的分析，选择如下。

- 假定选择不放 C，那么此时相当于在容量为 7 的背包放 A、B 两个东西。所以查上面一行同列就可以了，得数为 7。
- 假定选择放 B，那么此时相当于把容量挤占了 4，所以要看剩余的容量能放多少总价，结果剩余的容量为 7-4=3，检查上一行第三列，结果为 4，所以这个时候总价=4+5。

比较两种选择的大小，选择大者，填 9。

	1	2	3	4	5	6	7
A	0	3	3	3	3	3	3
B	0	3	4	4	7	7	7
C	0	3	4	5	7	8	9

8.4.2 开始变成程序

现在着手构思程序，设 v 为背包最大容量，n 为东西数量，$w[i]$记录第 i 个物体的体积，$p[i]$为第 i 个物体的价格，$c[i][v]$记录 i 个物体放入容量为 v 的背包的最大价值。

转移方程为：$c[i][v] = \max\{c[i-1][v-w[i]] + p[i], c[i-1][v]\}$

用一个二维数组 $n*v$ 记录最大价值。

代码如下：

```
V = 7
N=3
C = [[0] * V for i in range(N)]
W = [2,3,4]
P = [3,4,5]

#process 1st goods
j=0
while j < V:
    if j+1 < W[0]:
        C[0][j] = 0
    else:
        C[0][j] = P[0]
    j+=1

for i in range(1,N): #process remaining rows
    j=0
    while j < V: #process columns
        if j+1<W[i]: #放不下,j+1 表示容量（j 从下标 0 开始）
            C[i][j] = C[i-1][j] #直接取上行数据
        elif j+1==W[i]:#正好放下
            C[i][j] = max(P[i], C[i-1][j])
        else:#可以放下，还有剩余容量，进行两种选择的比较
            C[i][j] = max(C[i-1][j-W[i]]+P[i], C[i-1][j])

        j+=1

print(C)
```

运行结果：

```
[[0, 3, 3, 3, 3, 3, 3], [0, 3, 4, 4, 7, 7, 7], [0, 3, 4, 5, 7, 8, 9]]
```

现在讲解的背包问题，只拿一个东西，称为 0-1 背包问题，还有一些变种，比如完全背包问题，就是同一种东西可以无限次使用，还有多重背包问题，是同一种东西可以使用给定的次数。

动态规划主要用于求解以时间划分阶段的动态过程的优化问题，决策依赖于当前状态，又随即引起状态的转移，一个决策序列就是在变化的状态中产生出来的，这就是“动态”。在经济管理、生产调度、工程技术和最优控制等方面得到了广泛的应用。例如，最短路线、库存管理、资源分配、设备更新、排序、装载等问题，用动态规划方法比其他方法求解更为方便。

第 9 章

数理统计与人工智能

在人们的生活中，很多事情是不确定的，比如掷硬币，虽然理论上是确定的，但是变量太多、太敏感、互相的关联太复杂，所以实践起来基本上算不出某次一定会掷出正面还是反面，表现出来是一个随机事件。但是多次掷硬币后可以得出一个确定的概率，可以通过概率来从宏观上整体把握这一类事情，如交通流量控制、天气预报、人口统计、保险、金融交易以及神经网络等。

而从最微观的层面，概率是一种本性，由薛定谔波函数规定，它表明粒子是以概率的方式出现的，具有本质上的不确定性。

500 年前，求解了三次方程的卡尔丹诺，提出了幂定理和大数定律等概率学的基本概念和定理。而把概率变成一个数学分支的是前面提到的伯努利，他提出了第一个极限定理。

9.1 人均收入统计

9.1.1 先从数据出发

概率统计中最基础的有几个概念，介绍如下。

1）样本均值，就是 n 个数求平均值。公式为 $\frac{1}{n}\sum_{i=1}^{n}X_i$ 。

2）期望值，是指在一个离散性随机变量试验中每次可能结果的概率乘以其结果的总和。比如飞镖，某人十环的概率为 10%，八环的概率为 50%，六环的概率为 30%，五环的概率为 10%。那么此人飞镖的期望值为 10*10%+8*50%+6*30%+5*10%=1.0+4.0+1.8+0.5=7.3。所以可以看出期望值不是简单的均值，也可能不是其中任何一个实际的值。这个期望值是总体的，与样本多少没有什么关系，可以认为是普查的平均值。数学公式为：

$$E_{x\sim P}[f(x)]=\sum_{x}p(x)f(x)$$

3）中位数，把所有数值从小到大排序，位置在中间的数为中位数，中位数把整个数值序列分成了一半。

4）众数，数据集中出现次数最多的数。

下面看一个简单的年收入统计的例子。某公司总共就有 14 个人，收入如下，计算一下这些统计数。

员工序号	收入
1	25000
2	25000
3	30000
4	30000
5	30000
6	30000
7	40000
8	40000
9	50000
10	60000
11	60000
12	80000
13	120000
14	320000

一年的普查统计数据如下。

14 个人总收入为 940000。人均收入为 67143。

学了统计学的知识，可以分析出更多的情况来。

先看中位数，总共 14 个人，排第 7、第 8 的数是 40000。说明了一半的人的年收入在 40000 以内。

再看众数，所有 14 人中，有 4 个人是 30000，所以众数为 30000，也就是说从所有人中随便挑出一个人来，最有可能的年收入是 30000。

从普通人来看，中位数更加接近人的直觉。当中位数与平均数偏差比较大时，人们的直觉就是贫富差距过大。这个差距不是总数和平均数可以描述的，还需要对偏差的程度有一个度量。

比较直观的想法是算一下各个值与平均值的差值。比如上面的 14 个数值，平均值为 67143，那么第一个值 25000 与平均值的差值就是 67143−25000=42143，求出所有差值的平均值为 45510。这个值也叫作平均差。

数学上更多地用方差和标准差来衡量。

方差用来计算每一个变量（观察值）与总体均数之间的差异公式为：$\sigma^2=\frac{\sum(X-\mu)^2}{N}$。但是总体均数不好得出，所以实际上使用的是样本方差，样本方差是每个样本值与全体样本值的平均数之差的平方值的平均数，公式为：$S^2=\frac{1}{n-1}\sum_{i=1}^{n}(x_i-\bar{X})^2$，注意此处为 $1/(n-1)$，这是数学上的无偏估计。

标准差就是方差的平方根。

按照公式，对上面的 14 个数得出的标准差为 77378.05。

这个数是一个绝对值，有意义，但是意义不是那么大，这里需要的是一个偏离度。可以使用标准差系数（Coefficient of Variance，CV）：标准差与均值的比率。总体标准差系数的计算公式为：cv= σ/ x ×100%，σ 为标准差，x 为平均数。可以得出上面的 14 个数的 cv 为 115.24%。

▷▷▷ 9.1.2 进入程序世界

现在编写一个程序，计算标准差和标准差系数。

```
import math

def sum(a):
    s = 0
    for i in range(0,len(a)):
        s += a[i]
    return s

def average(a):
    s = 0
    for i in range(0,len(a)):
        s += a[i]
    return s/len(a)

def deviation(a):
    avg = average(a)
    s = 0
    for i in range(0,len(a)):
        s += (a[i]-avg)**2
    return s/(len(a)-1)

def stddeviation(a):
    dv = deviation(a)
    return math.sqrt(dv)

def cv(a):
    sdv = stddeviation(a)
    avg = average(a)
    return sdv/avg

a=[25000,25000,30000,30000,30000,30000,40000,40000,50000,60000,60000,80000,120000,320000]
print(sum(a))
print(average(a))
print(deviation(a))
print(stddeviation(a))
print(cv(a))
```

可能还很想知道有多少人在平均数以下。程序可以简单地写成如下的样子：

```
avg = average(a)
count = 0
```

```
for i in range(0,len(a)):
    if a[i]<avg:
        count += 1
```

不过在 Python 中，有更好、更强大的方法对批量数据进行筛选过滤。那就是 filter()，写法是 filter(function, iterable)。第一个参数 function 可以是函数名称或者 None，第二个参数 iterable 可以是序列、支持迭代的容器或迭代器。返回值为迭代器对象。其中，function 函数只能接收一个参数，而且该函数的返回值为布尔值。注意 filter() 函数的第一个参数是一个函数，这是很特别的地方，它的语义是用这个函数对数据序列进行过滤。

可以看出，filter()的第一个参数其实就是一个过滤筛选条件，所以一般不明写这个函数而是直接给一个 lambda 表达式。比如小于平均值的程序可以这样编写：

```
result=filter(lambda x:x<average(a),a)
print(list(result))
```

对批量数据的筛选，filter 是一个经常用到的工具，也有人专门做了数据分析的库，如 pandas。

9.1.3 来看点经济学（基尼系数）

经济学上有一个基尼系数，下面来介绍一下。

1905 年，统计学家洛伦茨提出了洛伦茨曲线。将社会总人口按收入由低到高的顺序平均分为 10 个等级组，每个等级组均占 10%的人口，再计算每个组的收入占总收入的比重。然后以人口累计百分比为横轴，以收入累计百分比为纵轴，绘出一条反映居民收入分配差距状况的曲线，即为洛伦茨曲线。如下图所示。

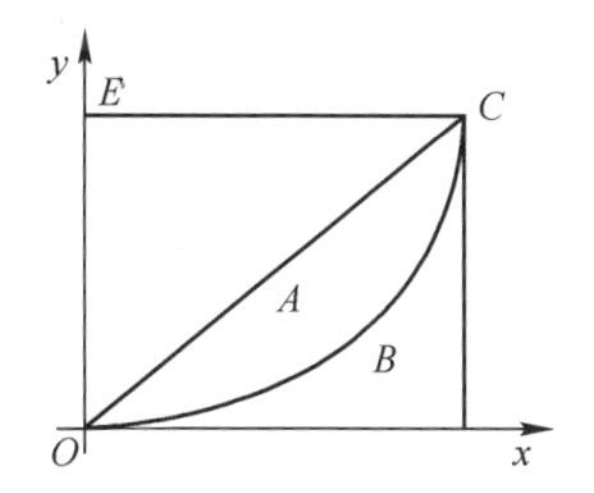

1912 年，意大利经济学家基尼根据洛伦茨曲线计算出一个反映收入分配平等程度的指标，称为基尼系数（G）。基尼系数定义为：

$$G=\frac{S_A}{S_A+S_B}$$

当 S_A 为 0 时，基尼系数为 0，表示收入分配绝对平等；当 S_B 为 0 时，基尼系数为 1，表示收入分配绝对不平等。基尼系数在 0～1 之间，系数越大，表示越不均等，系数越小，表示越均等。

下面计算一下这个村子的基尼系数。实际计算时，是离散的数据，所以是分段求的面积，每一段的面积是一个梯形的面积：S_k=1/2*（收入百分比$_k$+收入百分比$_{k-1}$）*（人数百分比$_k$-人数百分比$_{k-1}$）。

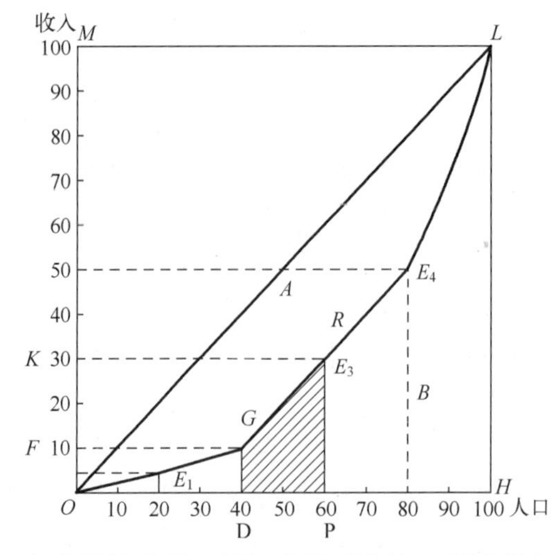

根据 14 个人的数据，得出累计人数、累计人数百分比、累计收入及累计收入百分比的表。

累计人数	累计人数百分比	累计收入	累计收入百分比
1	7.14%	25000	2.66%
2	14.29%	50000	5.32%
3	21.43%	80000	8.51%
4	28.57%	110000	11.70%
5	35.71%	140000	14.89%
6	42.86%	170000	18.09%
7	50.00%	210000	22.34%
8	57.14%	250000	26.60%
9	64.29%	300000	31.91%
10	71.43%	360000	38.30%
11	78.57%	420000	44.68%
12	85.71%	500000	53.19%
13	92.86%	620000	65.96%
14	100.00%	940000	100.00%

根据面积公式，可以得出每一段的面积。

段面积
0.000949848
0.002849544
0.00493921
0.007218845
0.00949848
0.011778116
0.01443769
0.017477204
0.020896657
0.025075988
0.029635258
0.034954407
0.042553191
0.059270517

总面积为：0.281534954。三角形总面积为 0.5，得出基尼系数为 0.281534954/0.5=0.563。

程序如下：

```
def gini(a): #return gini coefficient based on revenue array
    sa = [] #accumulated revenue array
    sa.append(a[0])
    for i in range(1,len(a)):
        sa.append(sa[i-1]+a[i])

    s=sum(a) #total revenu

    sar = [] #accumulated revenue ratio
    for i in range(0,len(a)):
        sar.append(sa[i]/s)

    totalarea = 0 #total area
    areas = [] #segment area
    areas.append(sar[0]*1/len(a)/2)
    totalarea = areas[0]
    for i in range(1,len(a)):
        areas.append((sar[i]+sar[i-1])*1/len(a)/2)
        totalarea += areas[i]

    return totalarea/0.5
```

测试运行结果正确，得出基尼系数为 0.563。

国际惯例把 0.2 以下视为收入绝对平均，0.2～0.3 视为收入比较平均；0.3～0.4 视为收入相对合理；0.4～0.5 视为收入差距较大，当基尼系数达到 0.5 以上时，则表示收入悬殊。

9.2 用贝叶斯公式智能诊断

9.2.1 先来谈谈概率

法国数学家拉普拉斯写的《分析的概率理论》明确给出了概率的古典定义，将概率研究带入了一个新的阶段。所以古典概率又称为拉普拉斯概率。随机试验中的事件是机会均等的。随机事件 A 在 n 次重复试验中发生的次数为 nA，若当试验次数 n 很大时，频率 nA/n 稳定地在某一数值 p 的附近摆动，且随着试验次数 n 的增加，其摆动的幅度越来越小，则称数 p 为随机事件 A 的概率，记为 $P(A)=p$。

一事件 A 在一事件 B 确定发生后会发生的概率称为在 B 的条件下 A 的概率；其数值为 $\frac{P(A \cap B)}{P(B)}$。若在 B 的条件下 A 的条件概率和 A 的概率相同时，则称 A 和 B 为独立事件。事件 A 和 B 同时发生的概率是：$P(AB) = P(A) \times P(B \mid A) = P(B) \times P(A \mid B)$。

这些概率都是客观的概率。但是很多时候这个客观的概率不容易得出。

后来就引入了主观性，一开始大家不接受，后来才发现了它的用处。

贝叶斯定理由英国数学家贝叶斯（Thomas Bayes，1702-1761）提出，用来描述两个条件概率之间的关系，比如 $P(A|B)$和 $P(B|A)$。按照乘法法则：

$P(A \cap B) = P(A) \times P(B \mid A) = P(B) \times P(A \mid B)$，可以立刻导出贝叶斯定理：

$$P(B \mid A) = \frac{P(A \mid B) \times P(B)}{P(A)}$$

如一座别墅在过去的 20 年里一共发生过 2 次被盗事件，别墅的主人有一条狗，狗平均每周晚上叫 3 次，在盗贼入侵时狗叫的概率被估计为 0.9，问题是：在狗叫时发生入侵的概率是多少？人们假设 A 事件为狗在晚上叫，B 为盗贼入侵，则：

$P(A) = \frac{3}{7}$，$P(B) = \frac{2}{20 \times 365} = \frac{1}{3650}$，$P(A \mid B) = \frac{9}{10}$，按照公式得出结果：$\frac{1}{3650} \times \frac{9}{10} \div \frac{3}{7} = \frac{21}{36500}$。

贝叶斯公式是由结果推测原因，或者说是由观测到的现象推导规律。而推导的过程中引入了主观的先验概率，求出的是后验概率。初看起来像是算命，其实这代表了人类认识自然的规律，一开始总是只知道现象，并且观测到的数据有限，于是就试着找原因总结规律，又根据总结的规律的正确与否不断修正。这就是贝叶斯理论的思路：在主观判断的基础上，先估计一个值（先验概率），然后根据观察的新信息不断修正（可能性函数）。这个公式在实践中获得了广泛的应用，比如疾病检测基因致病分析，海难、空难搜索，投资策略，人工智能中的中文分词、垃圾邮件检测。

▷▷▷ 9.2.2 “智能医生”的训练

网上有一个例子，如何根据一系列的数据得出新数据。它是讲医院里来了病人，有打喷嚏的，有头疼的，有护士、农民、建筑工人、教师，诊断结果有感冒、过敏、脑震荡。当前已经诊治过 6 个病人了，现在新来了第 7 个，希望一个智能系统判断一下可能的疾病。

```
def bayes():
    f1a = ['打喷嚏','头痛'] #症状
    f2a = ['护士','农夫','建筑工人','教师'] #职业
    c = ['感冒','过敏','脑震荡'] #疾病
    a=[] #当前已有的数据，6 个病例
    a.append(['打喷嚏','护士','感冒'])
    a.append(['打喷嚏','农夫','过敏'])
    a.append(['头痛','建筑工人','脑震荡'])
    a.append(['头痛','建筑工人','感冒'])
    a.append(['打喷嚏','教师','感冒'])
    a.append(['头痛','教师','脑震荡'])

    #P(A|B) = P(B|A) P(A) / P(B)
    #P(感冒|打喷嚏 x 建筑工人)
    #= P(打喷嚏|感冒) x P(建筑工人|感冒) x P(感冒) / (P(打喷嚏) x P(建筑工人))
    #= 0.66 x 0.33 x 0.5 / (0.5 x 0.33 )
    #= 0.66
```

```
        f1='打喷嚏' #新病人的症状
        f2='建筑工人' #新病人的职业
    #求新病人感冒的概率
    c1='感冒'
        #P(感冒)
        p1data=list(filter(lambda x:x[2]==c1,a))
        p1=len(p1data)/len(a)
        #P(打喷嚏)
        p2data=list(filter(lambda x:x[0]==f1,a))
        p2=len(p2data)/len(a)
        #P(建筑工人)
        p3data=list(filter(lambda x:x[1]==f2,a))
        p3=len(p3data)/len(a)
        #P(打喷嚏|感冒)
        p4data=list(filter(lambda x:x[2]==c1 and x[0]==f1,a))
        p4=len(p4data)/len(p1data)
        #P(建筑工人|感冒)
        p5data=list(filter(lambda x:x[2]==c1 and x[1]==f2,a))
        p5=len(p5data)/len(p1data)

        p=p5*p4*p1/(p2*p3)
        return p

    print(bayes())
```

当第 7 个病例确诊后，就成为一条诊断数据加入病例库中，这样，第 8 个病人来的时候，就可以从以前的 7 条数据中再分析。这个过程也叫作训练。上面的程序有一点很不好的地方，就是把训练数据集写死在程序中了，应该写在文本文件或者数据库中，构成一个独立的训练数据集。

通过输入的数据逐步调整，计算出真正的概率。输入的数据越多，结论越可靠。

9.3 预测广告效果的线性回归

9.3.1 线性回归

线性回归是利用数理统计中的回归分析，来确定两种或两种以上变量间相互依赖的定量关系的一种统计分析方法。说得很抽象，举个例子，一个公司投入广告费，收获销售额，想做一个广告投入与销售额之间的预测。这里就要用到线性回归。

为了预测，事先把以前的数据拿到，在坐标系上画出这些数据点，然后根据这些点试图画出一条线，比较好地拟合这些点。

广告投入：40000，30000，25000，20000，15000，…

销售额：200000，180000，150000，120000，100000，…

图示如下。

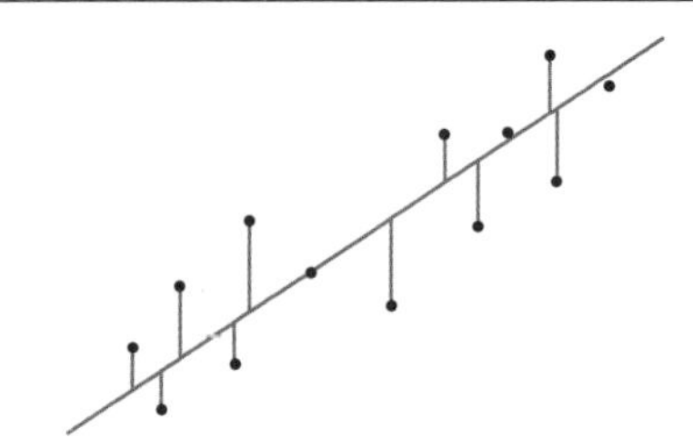

斜线表示拟合线，竖线是偏差值。如果偏差值小，就认为拟合得比较好。这条线可以用 $y=ax+b$ 来表示。

但是这些值是离散的点，如何衡量偏差值呢？这里可以引入一个 Cost Function（损失函数）来表示偏差，比较简单的情况，用以前讲过的方差值作为损失函数。

这样问题就变成了，如何确定 a 和 b，使得损失函数值最小。机器不可能立即知道这个合适的 a 和 b。只能根据经验先给一个初值，用这个初值来拟合，再用损失函数计算损失。接下来就到了关键的一步，如何评估这个损失呢？只有进行比较才知道。这里一定要有一个优化函数，来评估两次不同的参数变化带来的损失的变化，如果损失变大了，说明参数的变化方向反了，要调回来。这样一步步修正，直到某一个参数，变大后损失变大，变小后损失也变大，说明这个参数是最小值（当然也有可能是局部最小值）。这就是机器学习的过程。

现在可以着手编程序了。有一些基础工作要做，看到了这里处理的数据是序列数据，如广告费：40000，30000，25000，20000，15000，…；销售额：200000，180000，150000，120000，100000，…。两个序列之间可能需要做整体操作，如比对、加减，可以在数组中循环，不过这里有更好的方式进行整体操作。Python 在处理数组方面提供了很好的基础。

a=[1,2,3,4]，n=sum(a)会把数组 a 中的所有值相加，返回 10；n=max(a)会把数组中的最大值 4 返回来；b=[x**2 for x in a]会新生成一个数组 b，其中的元素是 a 数组的元素的平方；sqrt(sum(b))计算数组 a 的元素的平方和之后取平方根，就相当于求向量 a 的长度了；c=zip(a,b)，将 a 和 b 元素两两配对打包，list(c)返回[(1, 1), (2, 4), (3, 9), (4, 16)]；c=[x + y for x, y in zip(a, b)]就是把 a 和 b 相加得出新数组。

9.3.2 向量

接下来介绍向量。向量有两种理解，一种是空间中的矢量，如二维平面，可以用[*x*,*y*]两个坐标表示矢量，三维空间中用[*x*,*y*,*z*]三个坐标表示矢量；还有一种理解就是一组数。向量之间有整体运算，如相加、相减、均差、方差、与数的乘积、点乘、夹角大小、水平投影、垂直投影、向量积等。简介如下。

- 向量相加：***A***=[1,2,3]，***B***=[2,0,5]，这两个向量相加为 ***C***=***A***+***B***=[1+2,2+0,3+5]=[3,2,8]。
- 向量点积：***A***=[1,2,3]，***B***=[2,0,5]，这两个向量相加为 *C*=sum([1*2,2*0,3*5])=17。
- 协方差：两个向量 ***A*** 和 ***B***，分别求出均差向量 ***A′***和 ***B′***，再求点积。
- 方差：协方差中 ***A*** 和 ***B*** 是同一个向量，则得到的是方差。

```
class vector(object):
    def __init__(self, values):
        self.list = values
```

```
    def __str__(self):
        return 'Vector: {}'.format(self.list)
    def __eq__(self, v):
        return self.list == v.list
    def plus(self, v):
        new_list = [x + y for x, y in zip(self.list, v.list)]
        return vector(new_list)
    def minus(self, v):
        new_list = [x - y for x, y in zip(self.list, v.list)]
        return vector(new_list)
    def times_scalar(self, c):
        new_list = [c * x for x in self.list]
        return vector(new_list)
    def magnitude(self):
        list_squared = [x ** 2 for x in self.list]
        return sqrt(sum(list_squared))
    def mean(self):
        return sum(self.list)/len(self.list)
    def dot(self, v):
        return sum([x * y for x, y in zip(self.list, v.list)])
    def de_mean(self):
        avg = self.mean()
        return [x - avg for x in self.list]
    def covariance(self,v):
        return (self.dot(self.de_mean(),v.de_mean()))/(len(self.list)-1)
```

为了保持一个类定义的完整性，用到了__str__和__eq__，方便打印输出和判断是否相等。这个类中定义了向量的基本运算，特别是有协方差和点积运算。

这些也是比较常见的运算，可以使用 numpy 包。后面直接用 numpy 包中的工具。

到此，可以写线性回归程序了。

9.3.3 编写线性回性程序

先看损失函数，简单地使用方差，广告费 v1 和销售额 v2，对 v1 中的每一个元素求值 $ax+b$，然后减去 v2 中的值，最后计算平方和，除元素个数（此时得到的值叫 MSE），再取一半，用数学表达如下：

$$J(a,b)=\frac{1}{2n}\sum_{i=0}^{n}(y_i-\hat{y}_i)^2$$

用程序表达式如下：

```
1/(2*n) * sum([(a*x+b-y)**2 for x,y in zip(v1,v2)])
```

再看优化函数，先要知道这个 a 和 b 的变化值是变大了还是变小了，所谓变化值，从数学上，就是损失函数对 a 和 b 的偏微分，计算得出如下公式：

$$\frac{\partial J}{\partial a}=\frac{1}{n}\sum_{i=0}^{n}x(\hat{y}_i-y_i)$$

$$\frac{\partial J}{\partial b}=\frac{1}{n}\sum_{i=0}^{n}x(\hat{y}_i-y_i)$$

用程序表达就是如下语句：

```
da = (1.0/n) * sum([(a*x+b-y)*x for x,y in zip(v1,v2)])
db = (1.0/n) * sum([a*x+b-y    for x,y in zip(v1,v2)])
```

知道变化值，就可以得到下一组 a 和 b 了。使用如下语句（其中 alpha 一般为一个值很小的控制参数，保证 a 和 b 是逐步变化的）：

```
a = a - alpha*da
b = b - alpha*db
```

可以得到下面的程序：

```
def costeval(a, b, v1, v2):
    n = len(v1)
    return 0.5/n * sum([(a*x+b-y)**2 for x,y in zip(v1,v2)])
def optimize(a,b,v1,v2):
    n = len(v1)
    alpha = 0.01
    da = (1.0/n) * sum([(a*x+b-y)*x for x,y in zip(v1,v2)])
    db = (1.0/n) * sum([a*x+b-y    for x,y in zip(v1,v2)])
    a = a - alpha*da
    b = b - alpha*db
    return a, b

a=10
b=0
v1=[1,2,3,4,5]
v2=[10,22,28,40,48]
for i in range(0,10):
    cost0=costeval(a,b,v1,v2)
    print(a,b,cost0)
    a,b=optimize(a,b,v1,v2)
```

上面的程序迭代 10 次，结果如下：

```
10 0 1.2
9.98 -0.0 1.14
9.95 -0.01 1.1
9.94 -0.01 1.07
9.92 -0.01 1.04
9.9 -0.01 1.02
9.89 -0.01 1.0
```

```
9.88 -0.01 0.99
9.87 -0.02 0.98
9.86 -0.02 0.97
```

可以看到 a 和 b 参数值在逐步调整，损失值也在逐步缩小。这种逐步逼近的办法在机器学习中是通用的，后面的神经网络也会用到。

除了机器学习的办法逐步阶梯下降找拟合外，数学家们还研究了如何确定 a 和 b，提出的方法有一种比较简单又用得比较多的是最小二乘法（Least Square）。介绍如下。

其实上面已经分析到了，找最小的残差平方和，再化为找偏微分函数的零点。最后求得：

a 值为 $\sum_{i=1}^{n} y_i(x_i-\overline{x}) / \sum_{i=1}^{n}(x_i-\overline{x})^2$，$b$ 值为 $\overline{y}-a\overline{x}$。这里不进行推导了，这里的任务是学习并用代码加以实现。

程序中使用几个函数即可：

```
#平均值
def mean(v):
sum(v)/len(v)
#均差序列
def de_mean(v):
avg= mean(v)
return [x - avg for x in v]
#点积
def dot(v1,v2):
  return sum([x * y for x, y in zip(v1, v2)])
#回归系数，最小二乘法
def line_coef(v1,v2):
        s1 = dot(v2,de_mean(v1))
    s2 = dot(de_mean(v1),de_mean(v1))
        a = s1/s2
        b = mean(v2)-a*mean(v1)
        return a,b
```

还是用以前的数据测试一下：

```
v1=[1,2,3,4,5]
v2=[10,22,28,40,48]
print(line_coef(v1,v2))
```

结果为：

```
(9.4, 1.40)
```

最小二乘法是利用数学公式进行求解，与前面介绍的逼近方法不同，逼近方法更加体现了机器学习的过程，并且是通用的方法。当然实际工作中不太可能自己去写回归模型，简单、高效且常用的第三方工具是 scikit-learn。

9.4 马尔可夫模型

9.4.1 什么是马尔可夫模型

马尔可夫模型（Markov Model）是一种统计模型，广泛应用在自然语言处理领域。它的数学基础是随机过程理论，即一个离散事件系统，有很多种状态，状态之间按条件转移，状态间的转移是有概率的，转移的过程符合马尔可夫性质，即转移只与当前状态相关，而与以前的状态无关。时间和状态都是离散的，也叫马尔可夫链。

用数学语言，马尔可夫链是一组具有马尔可夫性质的离散随机变量的集合。具体来说，对概率空间 $(\Omega,\mathcal{F},\mathbb{P})$ 内以一维可数集为指数集的随机变量集合 $\boldsymbol{X}=\{X_n:n>0\}$ ，若随机变量的取值都在可数集内：$X=s_i,s_i\in\boldsymbol{s}$ ，且随机变量的条件概率满足如下关系：

$$p(X_{t+1}\mid X_t,\cdots,X_1)=p(X_{t+1}\mid X_t)$$

则 $\boldsymbol{X}$ 被称为马尔可夫链，可数集 $\boldsymbol{s}\in\mathbb{Z}$ 被称为状态空间（state space），马尔可夫链在状态空间内的取值称为状态。

若一个马尔可夫链的状态空间是有限的，则可在单步演变中将所有状态的转移概率按矩阵排列，得到转移矩阵：

$$\boldsymbol{P}_{n,n+1}=(P_{i_n,i_{n+1}})=\begin{pmatrix} P_{0,0} & P_{0,1} & P_{0,2} & \cdots \\ P_{1,0} & P_{1,1} & P_{1,2} & \cdots \\ P_{2,0} & P_{2,1} & P_{2,2} & \cdots \\ \vdots & \vdots & \vdots & \end{pmatrix}$$

本书不重点讲数学，只需要从理论上知道一个大概，然后用它作为模型进行编程并解决问题。

9.4.2 开始解决一些问题吧

用一个图来示意。

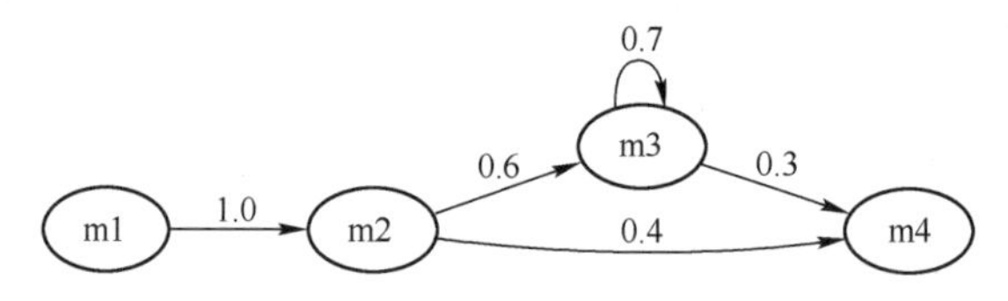

上面的这个系统，有 4 个状态，不同的状态之间有转移概率（理论上有 4*4 种可能）。这个图很像之前提到过的有限状态自动机 DFA 模型，但它的本质不同，DFA 是靠事件确定状态转移，而 MM 是靠概率驱动的。

有了这个转移概率，而且下一个状态又只与当前状态有关，就可以进行预测了。

下面看一个天气预测的例子。天气分成三个状态 S“晴”、C“多云”、R“雨”。于是根据三个状态，可以得到一个 3*3 的状态转移矩阵。

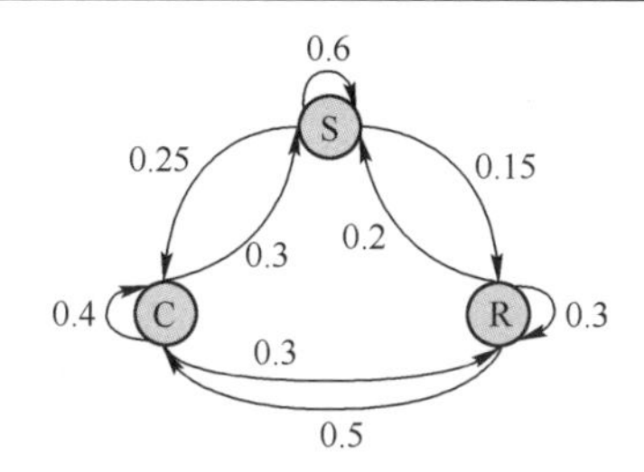

对现在来讲，这个转移概率是先验的（机器学习的结果就是要训练出一个有效的转移概率）。

假定今天天气是多云，预测两天后的各种天气的可能性。

代码思路，用变量 sstate='C'记录初始状态，用列表 states=['S','C','R']记录状态空间，用二维数组 pmatrix=[[0.6,0.25,0.15],[0.3,0.4,0.3],[0.2,0.5,0.3]]记录转移概率，用变量 steps=2 记录步数。

第一步预测，通过 sstate 找到初始状态位置，然后查转移矩阵，得到第一步的值，此处为[0.3,0.4,0.3]。

然后进行第二步预测，这时注意，这一步就不是一个初始状态了，而是三个状态都有可能，所以要逐个计算，然后还要把计算结果累加。

先算 S 的转移，0.3*0.6=0.18，0.3*0.25=0.075，0.3*0.15=0.045。

再算 C 的转移，0.4*0.3=0.12，0.4*0.4=0.16，0.4*0.3=0.12。

最后算 R 的转移，0.3*0.2=0.06，0.3*0.5=0.15，0.3*0.3=0.09。

累加结果[0.36, 0.385, 0.255]。

如果还有第三步预测，可以使用与第二步同样的办法。

程序代码实现方面，可以统一考虑，计算一个初始的状态向量，以后都根据向量计算。对上面的例子，先根据 sstate='C'计算出初始向量为[0,1,0]。

代码如下：

```
def markov(states,pmatrix,v,steps):
    for j in range(steps): #多步预测迭代
        p=[0,0,0]
        for j in range(len(v)): #计算向量中的每一种情况
            ptmp=list(map(lambda x:x*v[j],pmatrix[j])) #乘向量
            p=list(map(lambda x,y:x+y,p,list(ptmp))) #向量累加
        v=p #修改向量，继续迭代
    return v
```

代码比较简单，注意向量的操作用了 map()和 lambda 表达式。

测试一下：

```
states=['S','C','R']
pmatrix=[[0.6,0.25,0.15],[0.3,0.4,0.3],[0.2,0.5,0.3]]
sstate='C'
initv=[0,1,0]
steps=2
p=markov(states,pmatrix,initv,steps)
```

```
print(p)
```

运行结果：

```
new round v [0, 1, 0]
iter [0.0, 0.0, 0.0]
Accumulate p [0.0, 0.0, 0.0]
iter [0.3, 0.4, 0.3]
Accumulate p [0.3, 0.4, 0.3]
iter [0.0, 0.0, 0.0]
Accumulate p [0.3, 0.4, 0.3]
new round v [0.3, 0.4, 0.3]
iter [0.18, 0.075, 0.045]
Accumulate p [0.18, 0.075, 0.045]
iter [0.12, 0.16, 0.12]
Accumulate p [0.3, 0.235, 0.165]
iter [0.06, 0.15, 0.09]
Accumulate p [0.36, 0.385, 0.255]
[0.36, 0.385, 0.255]
```

例子简单，但是数学的力量是巨大的，奠定互联网基础的 PageRank 算法，就是由马尔可夫链定义的。

到了 20 世纪 70 年代，又发展出了隐马尔可夫模型 HMM，对应的情况是状态不能直接观测到或者是观测的状态太大（比如中文字数多达两万多个，这样理论上的转移矩阵数据量就是亿级的），叫作隐藏状态能观测到的是另一组变量，而这组变量又与隐藏状态有概率对应关系，所以是一个双随机过程。现在成了文本处理和语音识别方面的最经常用到的工具。Python 中有相关的包，如 nltk。

9.5 最后聊聊人工神经网络

这里讲的是人工模拟的神经网络，是一个计算机程序，受生物神经网络启发而构建出来的。根据生物学的研究，一个神经元主要由细胞核、树突和轴突构成。其中树突输入信号，细胞核处理信号，轴突输出信号。人工模拟的神经网络有类似的结构，接受许多输入、处理，通过一个激活函数输出。这样把人工智能的问题转换成了统计学数学范畴。

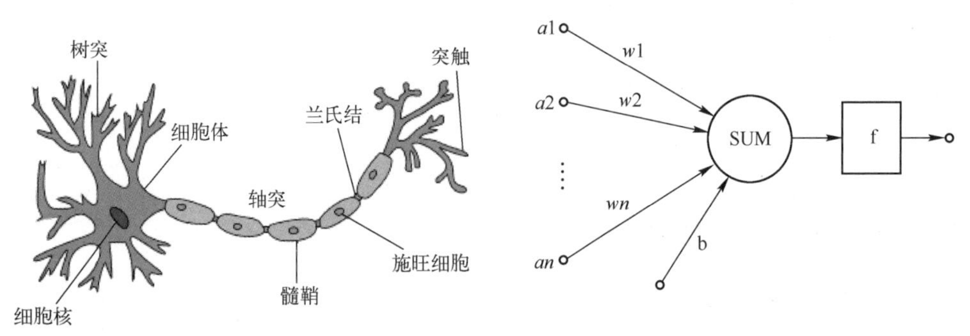

从生物学中，可以观察到多个树突给神经细胞输入信号，当信号强度达到某个值之

后，就会产生神经冲动并传递给下一个神经元。

9.5.1 可以开始做点仿生了——一个简单的神经元

类似地，数学上这样定义一个神经元/感知器。

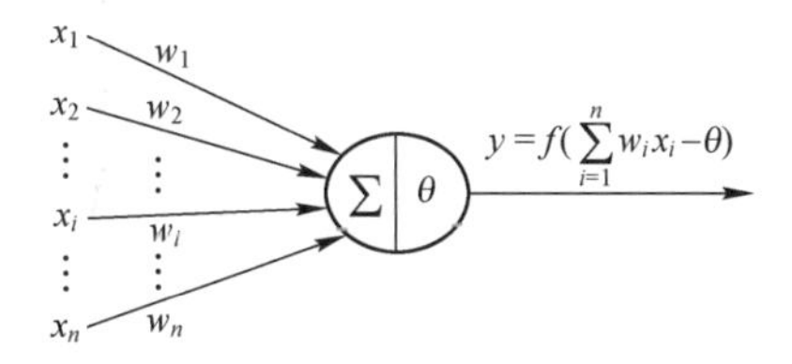

一个神经元有 n 个输入，每一个输入对应一个权值 w，神经元内会对输入与权重做乘法后求和（点积），结果与偏置做差，最终将结果放入激活函数中，由激活函数给出最后的输出。常用的激活函数有 Sigmoid 函数、双曲正切函数、阈值函数、线性函数。

这个激活函数模拟了神经元的非线性行为，赋予了神经元生命。

同样模仿生物神经网络，可以把神经元分层，每一层的神经元输出信号到第二层，最后一层层输出（有的还可以是后面的层反馈输出到前面的层）。这个多层的架构下，就分成了输入层、隐藏层、输出层，构成了一个神经网络。

这样一个简单的模型，就具有了学习的能力。它是如何做到学习的呢？输入不仅仅是有输入值，还同时有一个权值，那么在不同权值的情况下最后的输出会不一样，根据输出结果和事先的期望输出进行误差比对，再反过来调整权值，就会得到一个新的输出值，这样一步一步逼近。

这与线性回归时用的是同样的思路。这就是学习的过程。

下面来动手编写程序，这里要大量用到向量的运算，所以用到了前面做过的向量类。

先构建一个激活函数的类，方便使用几种不同的激活函数：

```
import math
class activation(object):
    def sigmoid(self,x):
        return 1/(1+math.e**(-x))
    def hyperbolictangent(self,x):
        return (1-math.e**(-x))/(1+math.e**(-x))
    def threshold(self,x):
return 1 if x>=1 else 0
    def linear(self,x):
        return x
```

这个定义比较简单，要注意的是这里又引入了一个新的表达：return 1 if x>=1 else 0。这个表达等价于：

```
if x>=1:
    return 1
else:
    return 0
```

所以这条语句可以看成是 Python 中的三元表达式，类似于其他语言中的?：。

有了这个类，就可以在主程序中使用它提供的这 4 个函数了，如下所示：

```
activator=activation()
activator.sigmoid(x)
activator.hyperbolictangent(x)
```

不过这样写程序有一个弊端，如果这里想换一个激活函数，如以前用 sigmoid，后来又想用 hyperbolictangent，就得把主程序的代码检查一遍，把所有用 sigmoid(x)之类调用的地方都改成 hyperbolictangent(x)。实际上这些知识具体实现不同，对使用者来说就是使用一个激活函数，对于这种场景，可以如下改造：

```
class activation(object):
    def __init__(self,f):
        self.func=f
    def activate(self,x):
        if self.func=="sigmoid":
            return self.sigmoid(x)
        if self.func=="hyperbolictangent":
            return self.hyperbolictangent(x)
        if self.func=="threshold":
            return self.threshold(x)
        if self.func=="linear":
            return self.linear(x)
    def sigmoid(self,x):
    def hyperbolictangent(self,x):
    def threshold(self,x):
    def linear(self,x):
```

具体的几个函数还是一样的，然后使用一个统一的 activate()函数，在这个函数中根据名字判断客户要用哪一个激活函数。所以在主程序初始化时通过一个名字传进去，如下所示：

```
activator=activation("sigmoid")
print(activator.activate(3))
```

在 Python 中，对这种场景，还有一种更好的办法，能够将函数本身当成一个参数和变量，传给一个变量，外部调用时只要使用这个变量就可以调用不同的函数了。代码如下：

```
class activation(object):
    def __init__(self,f):
        if f=="sigmoid":
            self.callfunc = self.sigmoid
        if f=="hyperbolictangent":
            self.callfunc = self.hyperbolictangent
        if f=="threshold":
            self.callfunc = self.threshold
        if f=="linear":
            self.callfunc = self.linear
```

```
        def activate(self,x):
            return self.callfunc(x)
        def sigmoid(self,x):
        def hyperbolictangent(self,x):
        def threshold(self,x):
        def linear(self,x):
    activator=activation("sigmoid")
    print(activator.activate(3))
```

这里看到在类中定义了一个变量 self.callfunc，它被赋的值是一个函数 self.callfunc = self.sigmoid。这样就可以统一使用 self.callfunc(x)来执行不同的函数。

总之，这两种不同的实现方式都实现了外部客户程序不用修改的情况下替换不同的算法实现（此处的例子表现为不同的激活函数）。用程序设计模式的术语，叫作“策略模式”(Strategy Pattern)。

回到神经元本身，代码如下：

```
import math
import numpy
import vector
import activation
class neuron(object):
    def __init__(self, weightin, bias,activationfunc):
        self.weightin = weightin
        self.bias = bias
        self.activationfunc = activationfunc
        self.valueout = 0
        self.valuein = vector.vector([])
    def setvaluein(self,v):
        self.valuein = v
    def setweightin(self,v):
        self.weightin = v
    def setbias(self,bias):
        self.bias = bias
    def setvalueout(self,value):
        self.valueout = value
    def sigma(self): #dot
        return self.weightin.dot(self.valuein)
    def pulse(self):
        activator=activation.activation(self.activationfunc)
        self.valueout = activator.activate(self.sigma()-self.bias)
        return self.valueout
```

这里定义的神经元类，构造方法有三个参数：weightin、bias、activationfunc，分别指定输入权重向量、偏移量、激活函数名。valuein 记录输入向量。最后的计算是 pulse()输出结果。

核心运算比较简单：activate(self.sigma()-self.bias)。测试一下：

```
valuein=[1,0,1,1] #输入参数
targetvalue=0.8 #目标值
outvalue=0 #输出值
weightin=vector.vector([0.1,0.2,0.3,0.4]) #权重值
bias=1 #偏差值
activationfunc="sigmoid"
nr = neuron(weightin,bias,activationfunc) #构建神经元
nr.setvaluein(vector.vector(valuein)) #给定输入值
outvalue = nr.pulse() #神经元计算
print("out:",outvalue)
```

测试用到的是一个含有 4 个输入参数的神经元，使用的 sigmoid 函数激活，结果是 0.450166。

这样，到这里，自己已经做出一个神经元来了，也有神经脉动了。

9.5.2 “神经元”如何学习

读者可能在疑惑，就这么一个点积和一个 Sigmoid 函数，都没有用到高等数学知识，真能模仿智能？这就像是一个 bit，一个门电路做不了什么事情，但是把很多基本单元组合在一起就可以有令人惊奇的结果。

刚才做的是单个神经元，给定输入得到输出。可以看它是如何学习的。在这里学习就是根据输出的结果与期望结果进行比对，然后调整权值，这样一步一步逼近。类似于线性回归程序的逼近过程。对一个神经元来讲，它用的输出结果再反过来影响权值和偏差值，这叫作反馈传播系统。对应的算法叫作 BP。

首先还是得有一个计算结果误差的损失函数。学习的任务就是找一组权值，让损失函数的值最小。如果想简单点，可以用输出值与目标值的差作为误差 error，也可以用均方差来定义总的损失。在 BP 算法中，用这个公式 outvalue*(1-outvalue)*(targetvalue-outvalue)。

有了损失值，下一步就是看要调整多少。按照以前线性回归时的做法，可以计算出第 i 个权值 w_i 的 delta 值可以为 delta[i]=alpha*error*x[i]，其中 alpha 为控制参数，对这里的场景也可以称为学习系数。在 BP 算法中也采用同样的公式，即程序中的权值调整项 deltaw = alpha*error*valuein[k]，还有偏差值调整 deltabias=alpha*error。注意这个公式只考虑了线性函数的情况，有人在此基础上增加了激活函数的导数来处理非线性的情况。

下面列出 BP 程序：

```
import math
import numpy
import vector
import activation
import neuron
class BP(object):
    def bp(self,nr,valuein,targetvalue):
        alpha=0.8 #控制参数（学习率）
        print("weight",nr.weightin.list,"bias:",round(nr.bias,4))
```

```
        nr.setvaluein(vector.vector(valuein)) #给定输入值
        outvalue = nr.pulse() #神经元计算
        print("out:",outvalue)
        error=outvalue*(1-outvalue)*(targetvalue-outvalue) #误差值
        print("error:",round(error,6))

        for i in range(0,5): #反向传播，迭代几遍
            w=[]
            for k in range(0,len(valuein)):
                deltaw = round(alpha*error*valuein[k],4) #权重值调整
                w.append(round(nr.weightin.list[k]+deltaw,4))
            deltabias=alpha*error #偏差值调整
            nr.setweightin(vector.vector(w)) #重设权重值
            nr.setbias(nr.bias+deltabias) #重设偏差值

            print("weight",nr.weightin.list,"bias:",round(nr.bias,4))

            outvalue = nr.pulse() #重新计算
            error=outvalue*(1-outvalue)*(targetvalue-outvalue) #得到新的误差
            print("error:",round(error,6))

    def main(self):
        valuein=[1,0,1,1] #输入参数
        targetvalue=0.8 #目标值
        weightin=vector.vector([0.1,0.2,0.3,0.4]) #权重值
        bias=1 #偏差值
        activationfunc="sigmoid"
        nr = neuron.neuron(weightin,bias,activationfunc) #构建神经元
        self.bp(nr,valuein,targetvalue)
if __name__ == "__main__":
    f = BP()
    f.main()
```

执行的结果为：

```
weight [0.1, 0.2, 0.3, 0.4] bias: 1
error: 0.08659
weight [0.1693, 0.2, 0.3693, 0.4693] bias: 1.0693
error: 0.07876
weight [0.2323, 0.2, 0.4323, 0.5323] bias: 1.1323
error: 0.070889
weight [0.289, 0.2, 0.489, 0.589] bias: 1.189
error: 0.0634
weight [0.3397, 0.2, 0.5397, 0.6397] bias: 1.2397
error: 0.05654
weight [0.3849, 0.2, 0.5849, 0.6849] bias: 1.2849
error: 0.050407
```

可以看出误差 error 确实是一步步小了，术语叫作梯度下降。自己通过输入、输出在学习，这个神经元有了初步的“智能”。

现在就拥有了一个非线性的可以反馈学习的神经元。组合一下，可以把一系列神经元合成一个层 Layer，再把几层组合成一个网络 Net。多层的网络就有了一定的深度，所以也叫作深度学习。2018 年图灵奖得主 Geoffrey Hinton 被誉为“深度学习之父”。

惊奇吧？学习 Python，三下五除二就学到了人工智能，了解了热门的神经网络，触摸到了最近几年最耀眼的技术明星。

以不同的拓扑方式构建的神经网络有不同的长处，如 CNN 适合识别图像，RNN 适合语音处理及自然语言理解。在其他领域，深度学习还没有惊艳的表现，如在数值分类型数据的分类方面，深度学习比传统的机器学习算法（如向量机 SVM）要逊色。

Python 中有很多与神经网络相关的包，如 Pytorch、NeuroLab 和 Scikit-Neural Network，可以实现更强大、更友好的 Python 接口。

深度学习的问题在于需要大量的标记数据支撑，需要很高的硬件配置，而缺乏理论解释，它的数理基础还是统计学。所以最后就变成了工具性的调参。最近七八年，机器学习、神经网络、深度学习一波接一波，这主要是由于算力和数据达到了一个新台阶而引起的，而在数学基础和神经生物学基础方面，还是以前的统计学理论，很难提供内在机制的解释，所以这波人工智能大潮能走多远，还是一个未知数。

人类的进步总是一点一滴的，艰难前行。在此，向深度学习的先驱 Hinton 致敬，感谢你们在艰难困苦中的坚守，最终为人类举起了又一盏明灯。